零基础学Unity

UGUI入门
Unity游戏界面设计与制作

伊 准 / 著

上海大学出版社

·上海·

图书在版编目（CIP）数据

UGUI入门：Unity游戏界面设计与制作 / 伊准著. —上海：
上海大学出版社，2021.12
　ISBN 978-7-5671-4348-7

　Ⅰ. ①U… Ⅱ. ①伊… Ⅲ. ①游戏程序—程序设计
Ⅳ. ① TP317.6

中国版本图书馆 CIP 数据核字 (2021) 第 235154 号

责任编辑　柯国富　祝艺菲
技术编辑　金　鑫　钱宇坤
装帧设计　谷　夫

UGUI RUMEN—— UNITY YOUXI JIEMIAN SHEJI YU ZHIZUO

书　　名　UGUI 入门——Unity 游戏界面设计与制作
著　　者　伊准
出版发行　上海大学出版社
社　　址　上海市上大路99号
邮政编码　200444
网　　址　www.shupress.cn
发行热线　021-66135112
出 版 人　戴骏豪

印　　刷　上海光扬印务有限公司
经　　销　各地新华书店
开　　本　787mm×1092mm　1/16
印　　张　13.5
字　　数　270千
版　　次　2021年12月第1版
印　　次　2021年12月第1次
书　　号　ISBN 978-7-5671-4348-7/TP·81
定　　价　68.00元

目 录

第 4 章 自动布局 / 115

前 言

　　2009 年迎来了游戏引擎①的春天，一些游戏引擎开放了免费的版本，包括 Unity 和 Unreal。在高校讲授游戏制作的我，首次使用 Unity 时就异常兴奋，因为其操作界面极其友好，于是我边学边教，开设了"游戏引擎与制作工具"课程。2015 年，Unity 4.6 正式发布，官方推出 UGUI 系统②，它含有基本的 UI 组件，操作更加便捷，功能更加完备。之后随着版本的相继升级，引擎的新功能不断地涌现，内容亦日新月异，在有限的课时中，我发现自己无论怎样调整，依然存在不少功能无法讲完的窘状。为此，我只得把最基础也是最核心的板块——Unity 的游戏界面设计与制作——拆分出去，单独讲授，这才有了本书相关的新课程。

　　我的学生大多是美术专业的艺术生，他们具有很强的审美能力和深厚的美术功底，有着天马行空的即兴点子，能设计出漂亮的场景和人物。然而，这门课程需要他们将那些漂亮的设计图、极富想象力的点子变成可以交互的游戏作品。隔行如隔山，这些学生一开始都是懵懂地来听课，兴奋和心虚的心情复杂交织。最后一堂课每个学生都会上台展示自己的作品，我询问学生："你们现在已经结束了这门课，感受如何？"反馈最多的是兴奋至极和满满的成就感。他们一个个原初都没有任何编程的基础，后来能够写出简单的代码，还学会了在游戏引擎的界面应用上进行许多交互功能的设计。特别是那些逻辑思维较强的学生，惊喜地发现自己竟有程序员的天赋，从而在之后的课程里充分发挥和展现自己的才智和特长，成为其毕业设计制作团队的主力。

　　从教十多年来，我一直计划将上课的教案编成一本书，但囿于教学的繁忙和自身的懒怠，难以提笔。直到最近患了一场病，趁治疗和休养期间，才使夙愿得偿。打定主意后，接踵而来的是怎样去写。以往我看过不少有关游戏的工具书和教程，多是说明式的传统写法，总是冷冰冰地平铺直叙，读者难以看出应需特别关注的内容（即上课"敲黑板！"的部分），学生产生疑惑时，也难以在书中快速找到适当的解决方法，因而削弱了求知的兴趣。因此，我希冀本书能结合自己在教学实践中的体验和心得，将它写成一本有温度的教程。

一是以人为本，考虑零基础学生可能出现的畏难情绪，语言通俗易懂，并延续课堂PPT 的展示方法，以案例为主，图文并茂，符合学生的形象思维方式，降低学习的难度；二是知识结构由浅到深，层次分明，便于学生检索知识点；三是强调重点、难点，便于学生记忆和理解；四是增加一些补充知识，使学生在学习了主要课程之后，若遇到某些特殊问题，还可以在补充的部分进行自选学习，毕竟"遇到困难——查找后获得解决"是效率极高的学习方法；五是内容形态丰富，除文字、图片外，还有直观展示操作步骤的视频，更多资料可扫描封底二维码查看。

至于 Unity 的版本问题，原则上 Unity 5.2 以上的版本都可以使用，因为其在 UGUI功能上变化不大，本文用的是免费公开的 Unity 2020.3 个人版③。正式学习前建议先阅读附录"安装—发布流程"，了解 Unity 软件安装与使用的基本操作。

要过的山头一定要过，否则看不到后面更美丽的风景。相信当学生一步步认真地学习和掌握了本书的知识和技能之后，将会看到游戏制作的一番美丽景象。

本书适用的群体：

（1）游戏界面开发的入门人员；
（2）游戏界面交互设计制作相关专业的文科生；
（3）界面交互设计的初学者。

那么咱们接下来——开始上课了！

注　释：

① 游戏引擎简单而言是一个素材库，指已经编写好的可编辑游戏系统或交互式实时图像应用程序的核心组件，为游戏设计者提供编写游戏所需的各种工具，其目的在于让游戏设计者能更容易和快速地做出游戏程式而不用从零开始。游戏引擎大部分支持多种操作平台，如 Linux、Mac OS X、Windows。
② UI（User Interface）为用户交互界面，泛指用户操作以进行交互的界面；UGUI（Unity UI 系统）指 Unity 图形用户交互系统，是 Unity 官方内置的一套 UI 系统，具有灵活快速的优点，便于"可视化"地开发界面。本书介绍 UGUI 系统及用它进行游戏界面设计与制作的方法。
③ 本书的软件界面图片均来自 Unity 2020.3 个人版截图。

第 1 章

Unity 操作界面基础

开课前的小贴士:

这章学会了，以后都是平坦的路!

前四个基础要点必须要会!

敲黑板章节!

本章提要

1.1 Unity 操作界面的构成

Tip：基础

倘若你是一个对 Unity 完全陌生的读者，那么有必要先了解一下它的操作界面。你的 Unity 操作界面的布局可能和图 1-1 所示的不太一样，但不用慌张，因为这个操作界面布局本身是可以自定义的，可以根据自己喜欢的方式来设置。打开菜单栏 Window—Layouts，可选择自己喜欢的界面布局。

1.1.1 五大面板

一般而言，除了菜单栏以外，操作界面上需呈现五大面板：Scene（场景面板）、Hierarchy（层次面板）、Inspector（属性面板）、Game（游戏面板）和 Project（项目面板）[1]。图 1-1 最上面的部分是工具栏，它与菜单栏一样，是 Unity 操作界面中无法重新布局的部分。

工具栏

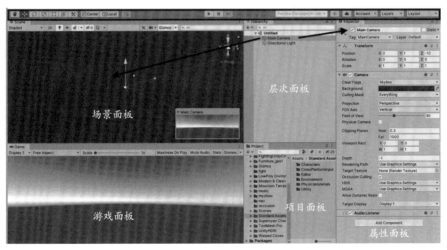

图 1-1 Unity 的操作界面

通常来说，Scene 面板，Hierarchy 面板和 Inspector 面板是相互关联的。

Scene 面板是放置 GameObject（游戏物体）的地方，几乎所有要在游戏中出现的物体都可以在 Scene 面板上布置和查看。

Hierarchy 面板相当于 Scene 面板的文字页面，在 Hierarchy 面板中选择了摄像机[②]，那么 Scene 面板里也就选中了摄像机（如图 1-1 中的 Main Camera），而 Inspector 面板相应会只出现该摄像机的属性。

GameObject 为 UI 元素时，为了更好地在 Scene 面板中查看 UI 元素，建议按下 Scene 面板上的 2D 按钮，以便能够从平面的角度来看待 UI 元素。（图 1-2）

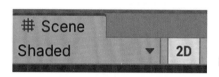

图 1-2 Scene 面板里的 2D 按钮

Game 面板是按下游戏播放键后出现的画面，但可能与实际发布时的画面有些许不同，不过通常只要把分辨率[③]调整正确，Game 面板呈现的就是游戏发布后看到的画面。

Project 面板是电脑中的相应文件夹在 Unity 中的显示。在 MAC 系统中可右键选择 Reveal in Finder 来查看文件夹，在 Windows 系统中可选择 Show in Explorer。（图 1-3）

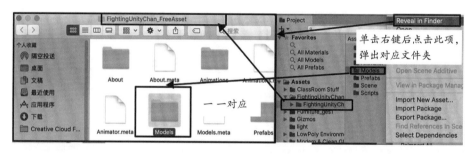

图 1-3 Project 面板和电脑中文件夹的关系

工具栏承担用户的操作指令。从图 1-1 可见，工具栏左边按钮是方便用户快捷地操控 GameObject 的开关，包括位移、旋转、放大等；中间按钮是游戏画面的操控开关；右边按钮是有关 GameObject 其他属性的开关。初学者刚开始不需要全部了解，随着学习进度的推进，可以逐渐掌握。

1.1.2 三大元素

在大致了解五大面板之后，继续学习创建 UI 元素的基本方法，即在 Hierarchy 面板中运用右键来选择需要创建的 UI 元素。

图 1-4 显示的是在 Unity 里能够创建的所有 GameObject，我们先了解其中的一部

分——UI 元素④。目前 UI 元素基本分三类：（1）基础类，即 Text（文本）和 Image（图像）等；（2）互动类，即 Button（按钮）等；（3）必不可少类，即 Canvas（画布）和 EventSystem（事件系统）。

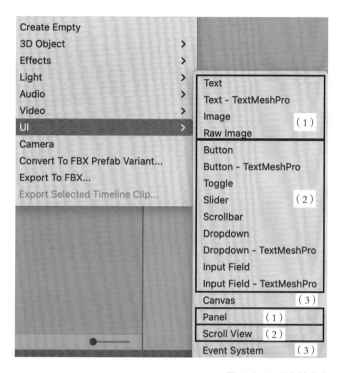

图 1-4 UI 元素的分类

基础类 UI 元素指的主要是 Text 和 Image，提供文本和图像类元素。

TextMeshPro 以前其实是一个插件，因其可以让文本变得更好看更个性，所以 Unity 在 Unity 2018 中把它集成了进来，相关内容详见第 5 章。

Raw Image（原始图像）其实和 Image 差不多，只不过是显示的方式和功能不同，可以简单理解为 Image 的功能会更多些，第 2 章中再详细分析两者的区别。

互动类 UI 元素就是将基础类组件 Text 或 Image 搭配一个互动的组件。

比如 Image 组件搭配一个 Button 组件，就成了 Button。是不是被"Button"这个词绕晕了？其实"Button"一词在 Unity 中会出现在多处，但其表达的意义是不一样的。在 Hierarchy 面板或 Scene 面板中，"Button"通常指游戏物体即按钮本身；在 Inspector 面板中，由变量组成的"Button"指组件 Button，它与其他组件一同构成

Button 游戏物体（图 1-5）。在 Unity 中，一个词表达不同的意义这种现象非常普遍，几乎所有的 UI 元素都是如此，本书会通过添加"组件"两个字来区别。比如，"Canvas"指游戏物体，而"Canvas 组件"指组件。

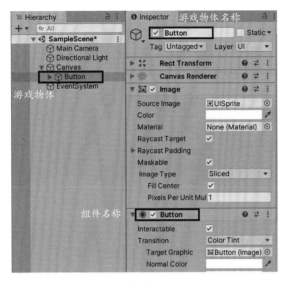

图 1-5 Hierarchy 面板中的 Button 和 Inspector 面板中的 Button 组件

必不可少类 UI 元素指的是 Canvas（画布）和 EventSystem（事件系统）。前者是学习 Unity 一开始就要面对的"大 Boss"，将在 1.3 中深入学习。后者现只需了解 EventSystem 负责监听用户的输入，监听的对象包括键盘、鼠标和触摸屏幕等。第 3 章事件触发器为 EventSystem 的相关内容。

1.2　Unity 学习与运用的基本思路

Tip：重点，基础

Unity 学习需要有一个基本思路，这也是贯穿 Unity 运用的一个最本质、最基础的思路：GameObject（游戏物体）—Component（组件）—变量。如何理解这个思路？一般而言，每一个 GameObject 由多个组件组成，而每一个组件里一般都有相对应的变量。

Scene 面板中所有的东西都可以称为 GameObject。如图 1-6 所示，菜单栏中的 GameObject 下拉菜单或者 Hierarchy 面板中单击右键弹出的黑框部分中，都是 GameObject，包含 Empty（空物体）、3D Object（3D 物体）、Effects（特效）、Light（灯光）、Audio（声音）、Video（视频）、UI（用户交互界面元素）、Camera（摄像机）。组件和变量都可在 Inspector 面板里查看。

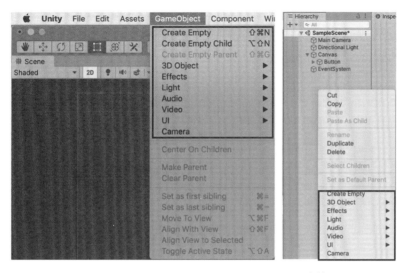

图 1-6 Unity 中的 GameObject

　　例如，当 Scene 面板中放置一个 Cube（立方体）时，在 Scene 面板或 Hierarchy 面板选中该 GameObject，Inspector 面板将出现如图 1-7 所示内容，其中游戏物体—组件—变量的层次也体现了 Unity 学习与运用的基本思路。

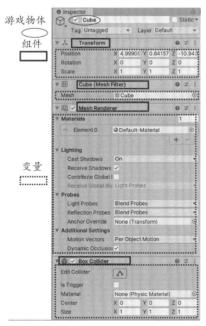

图 1-7 Unity 学习与运用的基本思路

　　由上可知，该 GameObject 由 Transform（变换）、Mesh Filter（网格过滤器）、Mesh Renderer（网格渲染器）和 Box Collider（方形碰撞器）4 个组件组成。每个组

件的功能都会有所不同，现在暂不需知这些组件具体有哪些功能，只需要关注每个组件里都有很多变量，如 Mesh Renderer 组件中有可改变尺寸的 Size（大小）变量，Lighting 组件中有可勾选的 Receive Shadows（接受阴影）变量，而 Box Collider 组件中有可改变中心位置的 Center（中心）坐标轴变量等。

每一个游戏物体都由各种组件构成，而脚本也是组件的一种。这些组件会承担各自的功能，而变量会借助组件功能使游戏物体产生各种变化，比如在 Transform 这个组件中可通过改变 Scale（缩放）的数值来调节物体的大小。可以在 Inspector 面板里通过拖拽或者修改来调整变量，也可以直接在脚本中调用并修改这些变量。

最后，牢记 Unity 学习与运用的基本思路：GameObject（游戏物体）—Component（组件）—变量。这个思路需贯穿游戏制作的全过程。

1.3 电子画布 Canvas

Tip：重点，难点

1.3.1 Canvas 的概念

当想要创建一个 Button 时，在 Hierarchy 面板上单击右键—UI—Button，这样 Scene 面板上就出现 1 个 Button。但值得注意的是，只做了这个操作，Hierarchy 面板上却多出了 2 个 UI 元素——Canvas（画布）和 EventSystem（事件系统）（图 1-8）。

图 1-8 Canvas 和 EventSystem

Canvas 在 1.1.2 中曾被提及，它是 UGUI 系统（后简称 UGUI）中必不可少的 UI 元素。具体而言，UGUI 上的任何 UI 元素都必须是 Canvas 的子级[5]，此处 Canvas 可以被理解为电子画布，就像油画必须要在画布上绘制一样，Canvas 承担着 UI 元素的渲染。

1.3.2 Canvas 组件的 3 种渲染模式

使用 Canvas 之初，就要决定使用哪种 Render Mode（渲染模式），Inspector 面板—Canvas 组件—Render Mode，以下 3 种渲染模式会根据制作项目的不同而呈现不同的渲染效果（图 1-9）。

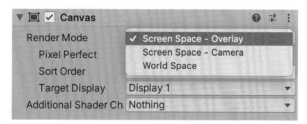

图 1-9 3 种渲染模式

模式一：Screen Space-Overlay

（1）随着屏幕大小或分辨率的改变，Canvas 将会自动改变大小以实现匹配。

（2）UI 元素永远在 3D 物体之上。不管用哪台摄像机去渲染，甚至摄像机有没有都一样，UI 元素依然会全部显现，跟摄像机没有直接关系。

（3）没有透视效果。哪怕将 Inspector 面板中 UI 元素的 Y 轴旋转到一定角度，仍旧没有透视的效果。

模式二：Screen Space-Camera

（1）随着屏幕大小或分辨率的改变，Canvas 将会自动改变大小以实行匹配。

（2）Canvas 被放置在指定摄像机前的一个给定距离处，通过该摄像机进行渲染。

（3）摄像机的设置会影响到 UI 元素的呈现效果。

（4）UI 元素和 3D 物体会根据其与摄像机的距离来区分谁在前面，即有 Z 轴上的区别。

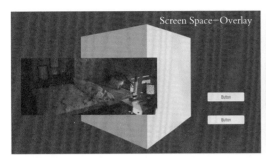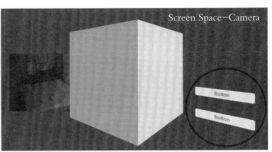

图 1-10 两种模式的对比

两种模式的对比（图 1-10）：

左图为 Screen Space-Overlay 模式。所有 UI 元素都在 3D 物体之上，也就是说哪怕 Cube（立方体）离摄像机更近，UI 元素 Image 也会遮挡 3D 物体 Cube。另外，尽管 Button 的 Y 轴旋转了一定角度，但在该模式下仍看不出任何透视的效果。

右图为 Screen Space-Camera 模式，会根据 Cube 和 Image 在 Z 轴上的先后顺序而呈现不同的遮挡效果，当 Cube 离摄像机更近时，呈现的效果是 Cube 遮挡了 Image。同时因为摄像机默认模式为 Perspective（透视）模式，所以会有透视的效果，因此，若同左图般旋转 Y 轴，则可以通过 Button 看出透视效果。

模式三：World Space

（1）可以通过手动修改 Rect Transform 组件中的变量来设置 Canvas 的大小。

（2）Canvas 中的 UI 元素和游戏场景里的 3D 物体一样，处于 3D 空间中，会根据其在 3D 空间上的位置来进行渲染。Canvas 类似于 3D 物体里的 Plane（平面）。

（3）该模式通常是在 VR 里需要用到的界面模式，即把 Canvas 当成一个 3D 物体来处理。

1.3.3 Canvas 的渲染顺序

UI 元素按其在 Hierarchy 面板中的顺序进行渲染，越靠下越先渲染，Scene 面板呈现为：同一位置的 UI 元素，先渲染的 UI 元素会遮挡后渲染的 UI 元素，效果类似 Photoshop 里图层顺序的效果（图 1-11）。如果想改变某个元素的顺序，只需要在 Hierarchy 面板里拖拽其上下顺序，也可以通过脚本调整。这点将在后续的脚本及应用部分中详述。

图 1-11 渲染顺序

1.4 Rect Transform 组件

Tip：重点，难点

1.4.1 Rect Transform 组件的组成

只有 UI 元素才有 Rect Transform（矩形变换）组件，而其他 GameObject 都是用 Transform（变换）组件来实现 Position（位移）、Rotation（旋转）、Scale（大小）的功能。对于 Position 而言，Rect Transform 组件要比 Transform 组件复杂，除长、宽、高之外，前者中还有 Anchors（锚点）、Pivot（枢轴）变量（图 1-12）。

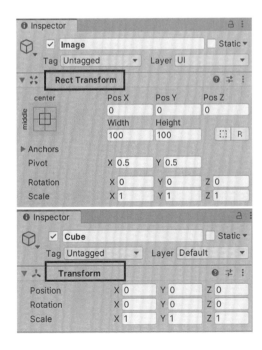

图 1-12 Rect Transform 组件和 Transform 组件的对比

如图 1-13 所示，工具栏中选中的 Rect 工具按钮（从右数第 3 个）就是针对 Rect Transform 组件的操控开关，可以设置 UI 元素的位移和大小。

图 1-13 Rect 工具按钮

1.4.2 Rect 工具按钮的要素

点击 1 个 UI 元素，如图 1-14 所示，就会出现 Rect 工具按钮的 3 个要素。

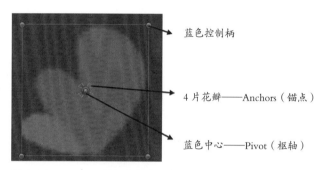

蓝色控制柄

4 片花瓣——Anchors（锚点）

蓝色中心——Pivot（枢轴）

图 1-14 Rect 工具按钮的 3 个要素

要素一：控制柄

4 个蓝色控制柄可以组成 1 个矩形，拖动控制柄可以进行调整该 UI 元素的大小；按住矩形范围内的任何一点（非控制柄），即可移动该 UI 元素的位置。

要素二：Anchors（锚点）

锚点是重点，游戏发布后出现的一些位移和大小的问题，一般都是因锚点的调试错误而引起的。每个 UI 元素有 4 个锚点，像 4 片花瓣，能分开亦能合起（图 1-15）。

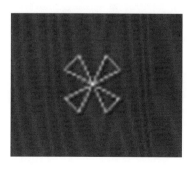

图 1-15 4 个锚点

观察任一 UI 元素，如 Image 的 Inspector 面板。从图 1-16 可知，锚点现为默认模式，即锚点处于该 UI 元素的中心。1 区是锚点的 9 个常用位置，处于该区位置的锚点是合在一起的。2 区是锚点的另外 7 个位置，处于该区位置的锚点是分开的，可两两分开或 4 个全部分开。根据不同的需求选择这 16 种不同的预置模式。

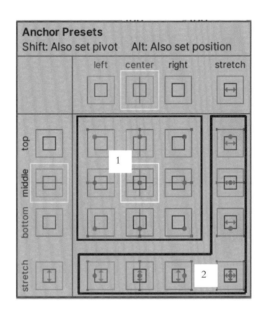

图 1-16 锚点的 16 种预置模式

那锚点的作用是什么？锚点就如船锚一样，能将该 UI 元素的 Rect 工具按钮控制柄与其父级 UI 元素的某个特定位置连接起来，原理是将控制柄和相应锚点的距离锁死。

在图 1-17 中，Button 此时的锚点全部合起，位于右下角，Button 的父级 UI 元素用白框来表示。4 个控制柄与 4 个锚点所连接的 4 条白线长度是固定锁死的，即使父级 UI 元素发生大小变化，Button 和锚点的距离也是不变的。长度不变的白色虚线可以辅助验证。

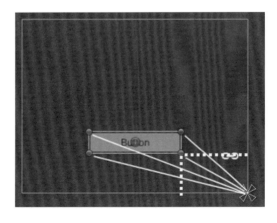

图 1-17 锚点全部合起

在图 1-18 中，锚点两两分开，意味着 4 个控制柄和相应锚点的长度锁死，而该 UI 元素有伸缩。图中的游戏发布后，当父级 UI 元素发生大小变化时，只会拉长或者缩小 Button 自身的长度，而 Button 与锚点的距离是不变的。长度不变的白色虚线可以辅助验证。

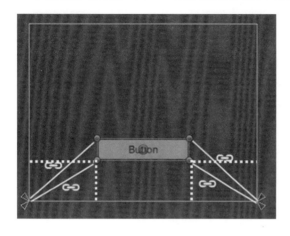

图 1-18 锚点两两分开

在图 1-19 中，4 个锚点全部分开。同理，4 个锚点和 4 个控制柄一一重合，此时该 UI 元素就可以随着父级 UI 元素大小的变化而发生图像的等比例拉伸。

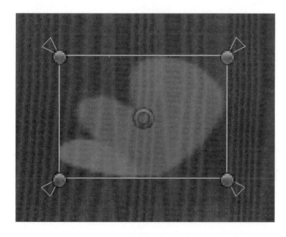

图 1-19 锚点全部分开

要素三：Pivot（枢轴）

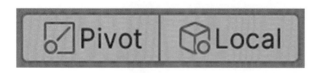

图 1-20 Pivot

Pivot 是一个 UI 元素的中心，像一个蓝色的圆环。当工具栏中显示 "Pivot"（图 1-20）

时，可以移动这个小蓝圆环，从而使该 UI 元素中心点发生变化；当工具栏中该位置显示的不是"Pivot"而是"Center"时，这个小蓝圆环颜色会变暗，即该 UI 元素中心点将不可移动。

根据中心点位置的不同，设置旋转或者位移时效果也会不同。比如，将图像设置为旋转时，若 Pivot 在图像的正中心，图像则是原地自转；若 Pivot 在其正左边，则在 Y 轴上旋转，效果就像翻书一样。

> ★ **温馨提示：**
>
> 恭喜你，你已经突破 UGUI 基础知识难点，之后的知识点基本上都较简单。如果你希望能够快速地进入游戏界面的制作，可以直接跳到第 2 章开始学习。
>
> 不过，如果你在学习的过程中对 Canvas 有疑问，或掌握入门知识后想进阶学习，可继续拓展学习以下知识点。这些知识点并不是不重要，相反，在有些困难面前，它们是解决问题的唯一途径，只是在基础阶段可能暂时用不上。

1.5 补充知识：Canvas 拓展

1.5.1 Canvas 组件里的其他变量

如图 1-21 所示，Canva 组件在 3 种模式下有不同变量。

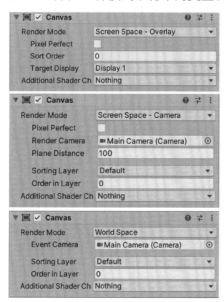

图 1-21 Canva 组件在 3 种
模式下的不同变量

● Pixel Perfect（完美像素）：只应用于 Screen Space-Overlay 模式和 Screen Space-Camera 模式，也称像素对应，勾选后可使 UI 元素的像素完美地与屏幕像素保持一致，确保在不同的分辨率下都能保持清晰的画面效果。

● Plane Distance（平面距离）：只应用于 Screen Space-Camera 模式，指摄像机与 Canvas 的距离。（图 1-21）

● Sorting Layers（渲染层级）：用于设置不同层级的渲染顺序，可以在游戏物体的 Inspector 面板左上角或者工具栏右边的 Layer 页面里查看。Sorting Layers 中，越是靠下的层级（如图 1-22 的 front Layer），渲染顺序越靠前，在屏幕上也显示得更靠前，而且可以遮挡住后面的层级。

● Order in Layer（同层级中的顺序）：用于设置在同一 Layer 层级中的渲染顺序。如图 1-22 中的 back Layer 层级中有很多层，Order in Layer 的数值越大，渲染的顺序越靠前。

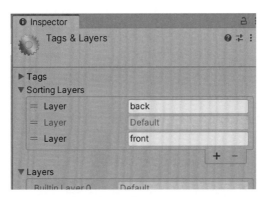

图 1-22 层级关系

● Addition Shader Channels（添加着色器通道）：在 UI 元素上可以添加的 Shader[6] 通道。不过这里涉及 Shader 的脚本编写，故暂不详细论述。

1.5.2 Canvas Scaler 组件

Canvas Scaler（画布定标器）组件用来控制 Canvas 里 UI 元素的比例和像素的密度，在后期尤其是游戏发布时是一个十分重要的组件。熟悉这个组件之后，一般会在设置 Canvas 时首先设置该组件。

Canvas Scaler 组件中的 UI Scale Mode（UI 缩放模式）有 3 种模式，每种模式对应的变量都有所不同。Canvas 渲染模式中除了 World Space 模式为固定的 Scaler

Mode 设置外，其他 2 种渲染模式（Screen Space-Overlay 模式和 Screen Space-Camera 模式）都可以选择以下的 3 种模式，对 UI Scaler Mode 进行设置。

模式一：Constant Pixel Size（固定像素）

Constant Pixel Size 模式的特点：像素的大小始终不会变化，如一张 100px×100px 的 Image，在任何分辨率下都占用 100×100 个像素。Scale Factor 指缩放倍数。Reference Pixel Per Unit 指 Canvas 上标准单位内的像素数（图 1-23）。

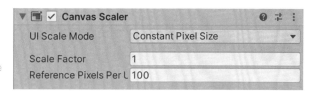

图 1-23 Constant Pixel Size 模式的变量

例如，图 1-24 中两幅游戏画面比例都是 16：10，随着游戏画面大小的变化，游戏画面的分辨率也会改变。但是可以看到，游戏画面中处于 Constant Pixel Size 模式的 UI 元素（即框出的文本和图像）始终占用着同样大小的像素，即大小不变。

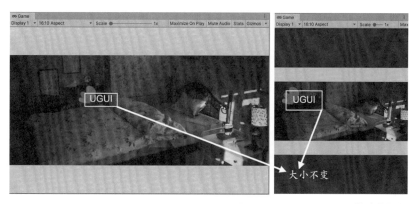

图 1-24 Constant Pixel Size 模式的特点

模式二：Scale With Screen Size（与屏幕大小共同缩放）

在这种模式中，UI 元素的位置和大小，是根据指定的 Reference Resolution（参照分辨率）来设置的，而且 UI 元素会随着不同设备分辨率的变化而变化。如果需要将游戏发布到分辨率不同的多项设备上，那么这种模式将是一个很好的选择。

可以将 Reference Resolution 和 Game 面板里的分辨率设置成一致，这样 UI 元素就会根据参照分辨率来布局。Screen Match Mode（屏幕匹配模式）可以解决参照分辨率与屏幕宽高比不一致的问题（图 1-25）。这种情况是很常见的，比如发布了一个分辨率为 1920px×1080px(屏幕宽高比 16 ∶ 9) 的电脑端画面应用后，还需要再将它发布到 iPad 上，而 iPad 的宽高比是 4 ∶ 3，此时使用这个模式，Canvas 的大小即 iPad 端画面分辨率变为 1920px×1440px，即保持 4 ∶ 3 的宽高比，又结合参照分辨率进行宽或高的匹配。屏幕匹配模式有 3 个选项，分别是 Match Width or Height（根据宽高作为参考）、Expand（扩展）和 Shrink（收缩）。

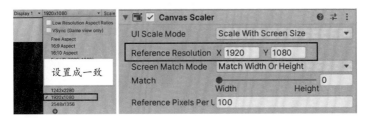

图 1-25 Scale With Screen Size 模式的变量

模式三：Constant Physical Size（恒定的物理尺寸）

在该模式下，UI 元素的位置和尺寸可以用 Physical Unit（物理单位）来设置，如 cm（厘米）、mm（毫米）、inches（英寸）、points（点数）、picas(皮卡)（图 1-26）。

● Fallback Screen DPI（对应物理单位的像素密度）：因不明原因出现无法获取 DPI 时，就使用该变量的值。

● Default Sprite DPI（默认精灵的像素密度）：设置 Sprite 每英寸的像素数。

● Reference Pixels Per Unit（参考的每单位像素数）：设置 Canvas 上每个单位的标准像素数。

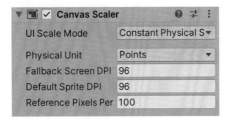

图 1-26 Constant Physical Size 模式的变量

1.5.3 Graphic Raycaster 组件

Graphic Raycaster（图形投射）组件是事件触发器的核心（详见第 3 章），是 Raycaster（光线投射）的一种。投射的光线通常被称为射线，可以想象成从一个坐标到另一个坐标的一条直线，以检测鼠标指针与场景对象之间的机制。除了 Graphic Raycaster，还有 Physics Raycaster（物理投射）、NavMesh Raycaster（巡航投射）等组件，其中 Graphic Raycaster 组件通过射线感知图像来运行（图 1-27）。比如，用户在 Game 面板里点击某个 UI 元素，正是因为 Graphic Raycaster 组件的存在，才可能让引擎感知到点击的动作及其对象。

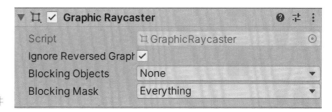

图 1-27 Graphic Raycaster 组件

● Ignore Reversed Graphics 指忽略反转图形。勾选此变量时，UI 元素的背面将无法被感知。比如，有时候将 UI 元素沿着 Y 轴转动 180 度，即背对着摄像机，会发现点击该 UI 元素毫无反应，这是因为勾选后光线投射忽略了 UI 元素背面。如果取消勾选，那么 UI 元素的正面和背面同样可以被感知。

● Blocking Objects 指定阻挡光线投射的对象共 3 类——2D 对象、3D 对象或所有对象。如果设置了某类对象，那么这类对象将不再受到光线投射，即无法被感知。

● Blocking Mask 指阻挡遮罩，可指定阻挡光线投射的 Layers（层级）。当勾选某个层级后，则该层级的物体将不会受到光线投射。

值得注意的是，此处提到的 Layers 和 1.5.1 中的 Sorting Layers 不是同一概念。如图 1-28 所示，在 Unity 中，Sorting Layers 排序图层是与 2D 系统中的 Sprite[7]图像结合使用的。Sorting Layers 排序是指不同 Sprite 的覆盖顺序。而 Layers 图层主要用于限制光线投射或渲染等操作，以便该操作仅应用于相关的对象组。

图 1-28 Sorting Layers 和 Layers

1.5.4　世界坐标系、屏幕坐标系和 UI 坐标系的关系

Tip：重点，难点

首先，掌握 3 种坐标系的定义。

● 世界坐标系：Vector3[8] 类型，游戏场景 3D 空间中的绝对坐标系，GameObject 在该坐标系中的位置不会受层次构造的影响，而是以距离场景原点（0，0，0）的坐标来表示的。

● 屏幕坐标系：Vector3 类型，以屏幕（Game 面板视图）的左下角为原点的坐标系，也可以理解为摄像机所见空间的坐标。它和分辨率有关，1 像素就是 1 单位。如果分辨率是 1024px×768px，那么左下角是（0，0），右上角则是（1024，768）。还需要注意的是，它虽然看起来像是一个二维坐标系，但其实是一个三维坐标系，是 Vector3 类型的值，Z 轴的值是以摄像机所见空间的世界坐标单位来衡量的。另外，我们所获取的鼠标指针坐标也是屏幕坐标。

● UI 坐标系：Vector2 类型，相对坐标系，以父级游戏对象的原点为标准坐标的局部坐标系（有父级坐标才有局部坐标）。但凡在 Canvas 所在区域内的 UI 元素，均会以自身锚点的位置作为标准坐标。

其次，了解在 Canvas 不同渲染模式下 3 种坐标系的区别（图 1-29）。

在 Canvas 为 Screen Space-Overlay 的 模 式 下，UI 坐标系左下角转化成世界坐标后为世界坐标系原点（0，0，0）。

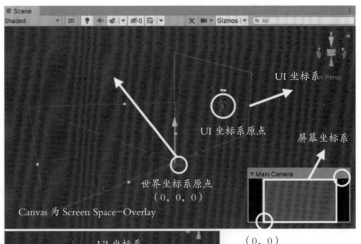

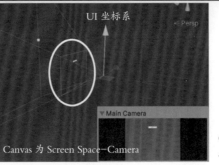

图 1-29　世界坐标系、屏幕坐标系和 UI 坐标系的区别

在 Screen Space-Camera/World Space 模式下，UI 坐标系中各点的世界坐标会根据 Camera 的 Plane Distance 数值的不同而有所不同（图 1-30）。

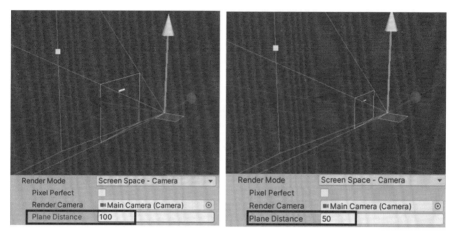

图 1-30 不同 Plane Distance 的区别

在 Screen Space-Overlay 模式下，Canvas 原点的世界坐标是（分辨率宽 /2，分辨率高 /2，0）。如图 1-31 所示，分辨率为 1024px×768px 时，Canvas 原点的世界坐标为（512，384，0）。

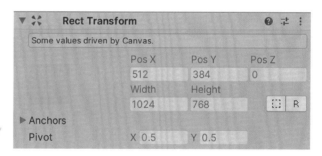

图 1-31 Screen Space-Overlay
模式下 Canvas 原点的世界坐标

最后，假如这三种坐标需要相互间进行转换（图 1-32），那就需要了解并运用以下几个代码关键词。

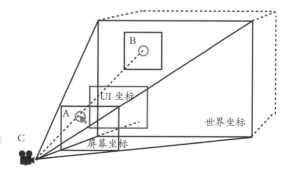

图 1-32 世界坐标、屏幕坐标
和 UI 坐标的转换

● ScreenPointToRay：从 C 点到 A 点的射线，通过 ray.GetPoint（float）得到相应点的坐标，属于 Vector3 类型的值。

● Rect TransformUtility.ScreenPointToLocalPointInRectangle：属于 Boolean（布尔值）[9]，但可以输出 UI 坐标值。它可以将屏幕坐标转换到 UI 坐标，如将 A 点的屏幕坐标转换成 UI 坐标。

● Rect TransformUtility.ScreenPointToWorldPointInRectangle：属于 Bool 值，但可以输出世界坐标值。它可以将屏幕空间上的点（屏幕坐标）转换为 UI 坐标系上的世界空间位置（UI 物体的世界坐标），经常用于在屏幕上与 UI 物体的互动，如拖拽等。

● ScreenToWorldPoint：属于世界坐标系中 Vector3 类型的值，一般用于在屏幕上与 3D 物体的互动，如定位、拖拽等。这个关键词用于图 1-32 中就是从 A 点到 B 点，最后落到的 B 点。

● WorldToScreenPoint：属于屏幕坐标系中 Vector3 类型的值，这个关键词用于图 1-32 中就是从 B 点到 A 点，最后落到的 A 点。

1.6 常见问题

问题 1：为什么 Game 面板中的 UI 元素都看不见？

回答：检查 Hierarchy 面板中的 UI 元素是不是在 Canvas 的子级里，如果不在 Canvas 子级中，UI 元素就不可见。

问题 2：一个场景里可以放多个 Canvas 吗？

回答：因为每一个 Canvas 下的所有 UI 元素都是合在一个 Mesh（网格）中的，而过大的 Mesh 在更新时引擎计算量会很大，性能将会有所下降，从优化角度来说一般建议每个较复杂的界面，都需要自成一个 Canvas，当然也可以是子 Canvas。同时还要注意动态元素和静态元素的分离，因为动态元素会导致 Mesh 的更新。不过也不提倡 Canvas 细分得太多，因为这会导致 Draw Call[10]的上升。

问题 3：Inspector 面板里右边两个按钮（如图 1-33）的作用是什么？

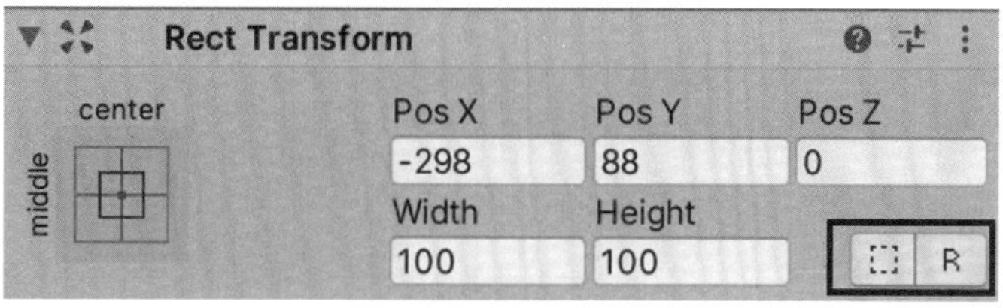

图 1-33 BlunePrint 按钮和 Raw 按钮

回答：左边按钮对应 BluePrint（蓝图）模式，右边按钮对应 Raw（生图）模式。

BluePrint 模式下，如果更改 Rect Transform 组件中的 Rotation 或 Scale 参数，UI 元素（矩形）的矩形控件不会随着矩形的改变而发生变化（图 1-34）。

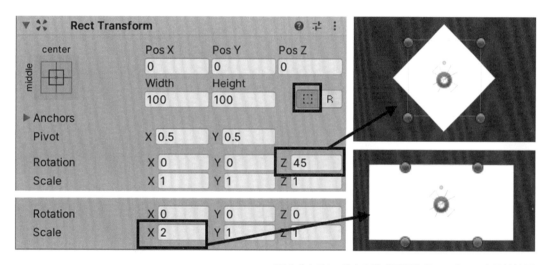

图 1-34 BluePrint 模式下更改 Transform 变量的效果

Raw 模式有以下两种作用：

一是改变 Pivot 值时，在 Raw 模式下，UI 元素（矩形）会发生位移，但是 Pivot 不移动，即 UI 元素的坐标（0，0，0）不变（图 1-35 右下）；而在非 Raw 模式下，UI 元素不发生位移，但是 Pivot 会发生偏移，即 UI 元素的坐标发生变化（图 1-35 右上）。

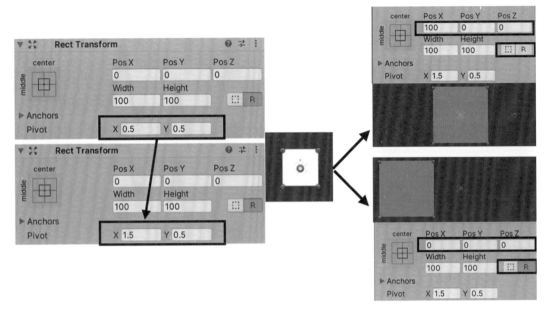

图 1-35 Raw 模式和非 Raw 模式下改变 Pivot 值的不同

　　二是改变 Anchors 值时，使其移动锚点，在 Raw 模式下，会改变 UI 元素的大小；而在非 Raw 模式里，UI 元素的大小不会改变。如图 1-36，通过修改矩形的 Max 值，此处把 0.5 修改成 0.6，在 Raw 模式下，矩形发生拉伸，而非 Raw 模式下矩形大小不变。

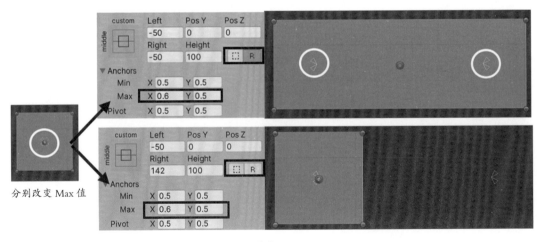

图 1-36 Raw 模式和非 Raw 模式下改变 Anchors 值的不同

问题 4：Canvas 在 World Space 模式下，字体模糊怎么办？

回答：虽然 World Space 模式下 Canvas Scaler 组件中的 UI Scale Mode 是固定的，但是我们仍然可以通过调节该模式下的 Dynamic Pixels Per Unit（动态生成图形的每单位像素数）系数来提高像素，以解决字体的模糊问题（图 1-37）。

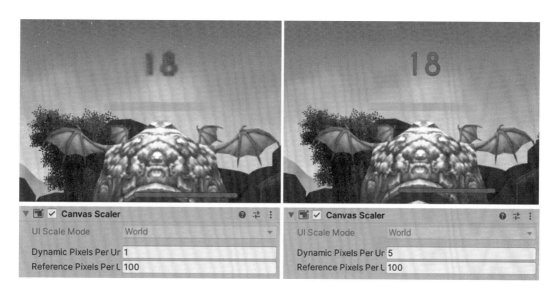

图 1-37 Dynamic Pixels Per Unit 值的修改效果

注 释:

① Unity 目前的中文版未实现完全汉化，本书使用的 Unity 2020.3 个人版中语言为英文。为方便读者理解，英文词语第一次出现时会标注中文含义，后为方便读者熟悉系统并对应操作，一般用英文原词；但为加强读者理解，部分会使用英文名称 + 中文属性词的形式，如 Scene（场景面板）后为 Scene 面板；个别也用中文词表示。

② 摄像机；Camera，在 Hierarchy 面板的一个游戏物体（Main Camera 为主摄像机）。它主要用来呈现场景里的各种其他游戏物体，与日常中的摄像机相似，具有可视范围、可位移、透视等功能；同时也具有日常摄像机没有的功能，包括清除标记、背景设置、遮罩、可添加后期特效等功能。

③ 分辨率：可分为屏幕分辨率（显示分辨率）和图像分辨率，体现了位图图像的精细程度。屏幕分辨率指显示器所能显示的像素数。显示器上的点、线和面都是由像素组成的，显示器可显示的像素越多，画面就越精细。也就是说，屏幕分辨率一定的情况下，显示器越小，图像越清晰，反之，显示器大小固定时，屏幕分辨率越高，图像越清晰。图像分辨率指单位英寸中所包括的像素数。描述分辨率的常用单位有 px（像素数）、DPI（每英寸的点数）和 PPI（每英寸的像素数）。DPI 只出现在打印领域，PPI 只存在于电脑显示领域。本书中分辨率多指屏幕分辨率，如分辨率 1024px×768px，指水平像素数为 1024 个，垂直像素数为 768 个。

④ UI；全称 User Interface，即用户交互界面，但在 Unity 菜单中，是用户交互界面元素的意思，后统称为 UI 元素。UI 是游戏开发中不可忽略的一部分，通过它可以接收玩家输入，影响游戏运行内容，并向玩家传递信息和反馈视听效果。

⑤ 子级：子级是与父级相对的层级概念，父级是上一层，子级在父级层级下。一般而言，父级的变换行为（位移、旋转、大小等）会影响子级，比如处在父级的物体发生大小变化，子级也会跟着父级一起变化；子级发生变化，父级并不会受影响。

⑥ Shader；着色器，是处理图形信息的一种程序。

⑦ Sprite：2D 图形对象，本质上是一种标准纹理。

⑧ Vector3：三维向量，是 X，Y，Z 轴空间里的一个点，如 Vector3（0，1，2）代表 X=0,Y=1,Z=2 的三维坐标。

⑨ Boolean：只有 true 和 false 两个值，后简称 Bool 值。

⑩ Draw Call：CPU 调用图像编程接口，命令 GPU 进行渲染的操作。Unity 每次在准备数据并通知 GPU 渲染的过程称之为一次 Draw Call。

第 2 章

UI 元素

开课前的小贴士：

就是这么简单~

学好 Button 是重中之重！

本章提要

UI 元素分为基础类和互动类，基础类其实就是文本和图像，其他 UI 元素都属于互动类。例如，图 2-1 的 Image 是基础类 UI 元素，图 2-2 的 Button 是互动类 UI 元素。

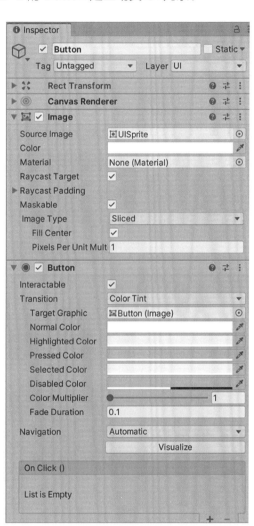

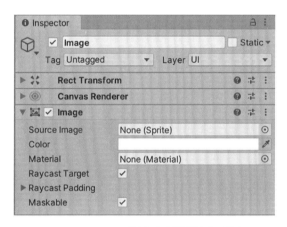

图 2-1 基础类 UI 元素 Image

图 2-2 互动类 UI 元素 Button

基础类 UI 元素 Image 带有 Image 组件，无 Button 组件。而互动类 UI 元素 Button 除了 Image 组件，还带有 Button 组件。正是这个关键的 Button 组件赋予了 Button 交互功能，使它成为一个可操作的按钮。至于 Image 组件，只不过是赋予了 Button 外观图像而已。

总的来说，基础类 UI 元素基本上只提供显示文本 / 图像的单一功能，而互动类 UI 元素则提供了"显示 + 交互"的功能。这也体现了第 1 章强调的 Unity 学习与运用的基本思路：GameObject—Component—变量。不同变量发挥组件的不同功能，不同的组件可组合成不同的游戏物体，因此游戏界面呈现多样性。

下面我们逐一介绍这些 UI 元素。

2.1 Image

Image（图像）包含 Rect Transform 组件、Canvas Renderer 组件、Image 组件，变量较为常见，具体见图 2-3。

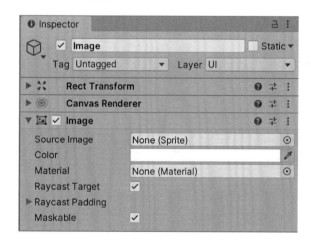

图 2-3 Image 的变量

2.1.1 Image 的创建步骤

步骤一：导入图片

如果直接从外部把一张图片放入 Project 面板，会发现没有办法把这张图片移到 Image 组件里的 Source Image（图像来源）上，因为格式还需要进行转换。在 Project 面板里选中该图片（多图的话可以按 Shift 键将多图同时选中），然后查看 Inspector 面板里的 TextureType（纹理类型），选中 Sprite（2D and UI）格式，该格式是针对于 2D 图像和 UI 图像的（图 2-4）。后文为便于区别，外部图片经过步骤一的处理后，将其称为源图像。

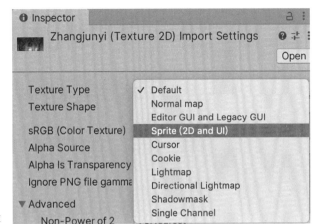

图 2-4 Image 的格式要求

步骤二：添加 Image

在 Hierarchy 面板里右键选中 UI—Image（图 2-5）。

图 2-5 添加 Image

步骤三：调试 Image 组件里的变量

Image 组件的变量（图 2-6）可以分为 3 类，具体名称和功能如下：

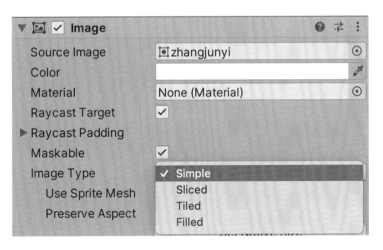

图 2-6 Image 组件的变量

（1）基本变量（对象、颜色、材质）。

● Source Image 设置 Image 的对象。

● Color 设置 Image 中应使用的颜色，最后 Image 显示的颜色为 Color 与源图像本身颜色两者相乘后的颜色。

● Material 指渲染图像的材质。

（2）射线投射变量。

● Raycast Target 指是否为射线投射的目标。这个变量初学者并不会用到，常用于第 3 章中的事件触发。

● Raycast Padding 指设置图像上下左右的 Raycast Target 范围，正数会向外扩张，负数会向里缩紧。这个变量可以帮助解决那种点击范围大于或小于图像大小的情况。

（3）特殊模式变量（遮罩模式、Image Type）。

● Maskable 指图像是否被遮罩，是针对遮罩类组件（如 Mask 组件）而设置的，如果不勾选则图像不会被遮挡（遮罩内容详见 2.12）。

● Image Type（图像模式）具体内容详见 2.1.2。

首先，在 Source Image 中选择步骤一中处理好的源图像；然后根据所需要效果，调整以上变量，从而完成 Image（图像）的创建。后文操作中所提到的图像或 Image 均需经过以上处理步骤，不再赘述。

2.1.2 Image Type 的 4 种模式

Image Type 有 4 种模式，而且均需掌握，以供不同情况选择使用。

模式一：Simple（简单）

Simple 模式是最基础的图像模式，如果希望调整图像的大小，直接拉伸图像即可。这种模式下有一个特别好用的选项：Preserve Aspect（保持比例）。只有 Simple 模式和 Filled（填充）模式有此选项，可在拉伸图像的同时防止图像形变。 点击 Set Native Size（设置原始大小）后，图像将会呈现出源图像的大小（图 2-7）。

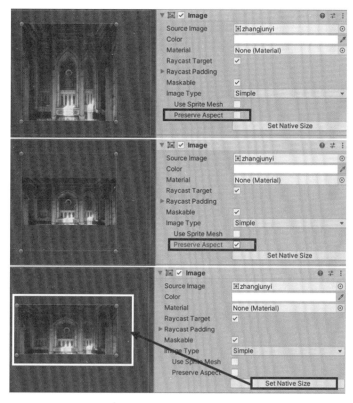

图 2-7 Simple 模式下的 Preserve Aspect 和 Set Native Size 变量

Use Sprite Mesh（使用精灵网格）选项指是否启用 2D 精灵的网格，启用后游戏性能上会有所不同。从图 2-8 可以看出，勾选该选项后启用了网格，从而导致三角面变多，引擎计算量变大，更耗资源。

图 2-8 Use Sprite Mesh 变量

模式二：Sliced（切割）

Sliced 模式是一个小重点，熟悉掌握后会非常有用。首先需要了解切割的原理，即九宫格原理（图 2-9），具体而言有以下三点：

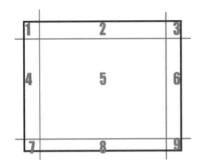

图 2-9 九宫格原理

第一，四个角落区域 1、3、7、9 不能做任何的拉伸；

第二，与角落有公共边的四个矩形区域 2、4、6、8 只做单向拉伸，即区域 2、8 只能进行横向拉伸，区域 4、6 只能进行纵向拉伸；

第三，中间区域 5 可以做双向拉伸，即可同时进行横向和纵向的拉伸。

九宫格切割步骤为：

将一张图片放入 Project 面板，转换格式后选中该图像，进入 Inspector 面板中的 Sprite Editor（2D 精灵编辑器）界面，拖动绿色线条（图中灰色细线）至目标位置，形成如图 2-10 的"九宫格"，最后点击 Apply（应用）（图 2-10）。

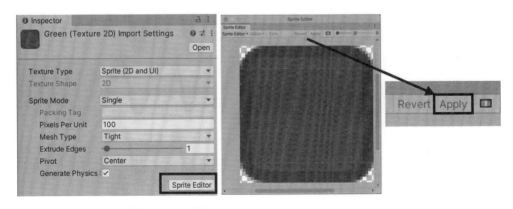

图 2-10 Sprite Editor 按钮和 Apply 按钮

如果提示没有安装 Sprite Editor，请通过菜单 Window—Package Manage，找到 2D Sprite 并安装（图 2-11）。

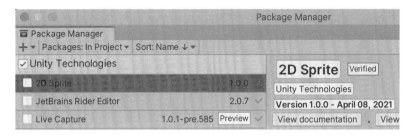

图 2-11 安装 Sprite Editor

Simple 模式和 Sliced 模式的对比：

两种模式之间的对比可以更清晰地理解切割的原理。如图 2-12 所示，对图 2-10 中的方形图像进行了拉伸，Simple 模式下图像会因为拉伸而变形，而 Sliced 模式下图像四个角落区域的样式保持不变，其他五个区域都发生了相应的拉伸，从而形成了良好的延展性。

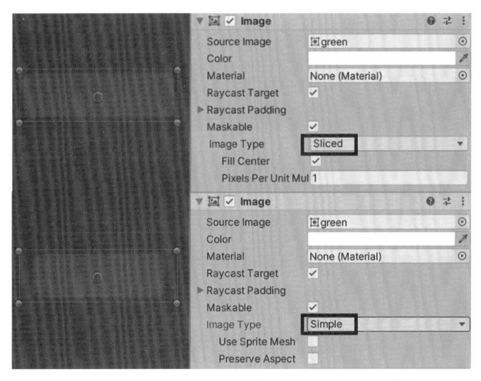

图 2-12 Simple 模式和 Sliced 模式的不同效果

在图 2-13 中，Sliced 模式的效果可能更加明显。在 Sliced 模式下，将上图拉伸，得到下图，在图像拉伸后四个角落区域并不会发生任何变化，但是区域 2、8 存在一定的横向拉伸，区域 4、6 存在一定的纵向拉伸，中间的区域 5 更是在纵向和横向都发生了拉伸，极致情况下区域 5 甚至可以因伸缩至 0 而消失。

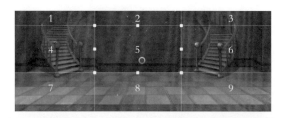

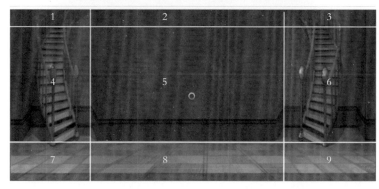

图 2-13 Sliced 模式范例

模式三：Tiled（平铺）

Tiled 平铺模式即以一个图样为本，像贴瓷砖一样地在图像大小范围内铺满。Tile 在英语中本身就是瓦片、瓷砖的意思。

一张图像在 Sprite Editor 中做了切割（这个步骤同 Sliced 模式）后，如果对其进行拉伸，在 Sliced 模式下以图像形变来填充，在 Tiled 模式下则会以平铺的模式来填充，如图 2-14 所示。

图 2-14 Sliced 模式和 Tiled 模式下图像的不同效果

切割后图像在 Tiled 模式下和 Sliced 模式下的区别（图 2-15）：

在 Sliced 模式下，图像拉伸后，只显示一个山包，但是山包会变形；在 Tiled 模式下做相同拉伸，随着图像的横向拉长会出现无数个山包，且山包不会变形。

从网格显示上来看，两种模式也是有区别的。两种模式下山包下方的矩形在拉伸后虽然因色彩图案相同而看不出区别。但是从网格显示中可知：Tiled 模式下其网格是重复的，多了几个重复的网格；而 Sliced 模式下图像仅仅只是拉伸，并没有出现多的网格。

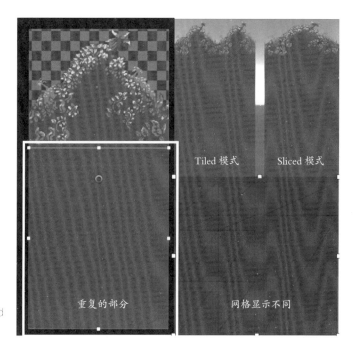

图 2-15 Tiled 模式和 Sliced
模式下图像的区别

如果图像在 Sprite Editor 里做了切割，那么 Inspector 面板就会多出一个 Fill Center（填充中间）的选项，若勾选这个选项，则中间部分即区域 5 会显示出来，如图 2-16 所示。

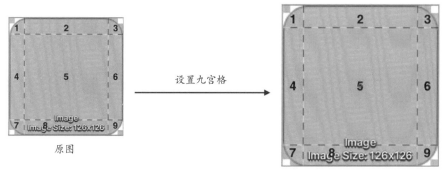

图 2-16 区域 5 显示

如果勾选 Fill Center 选项，图像的平铺方式会出现图 2-17 左这样的效果，区域 5 显示；如果没有勾选 Fill Center 选项，图像的平铺方式会出现图 2-17 右这样的效果，区域 5 不显示。

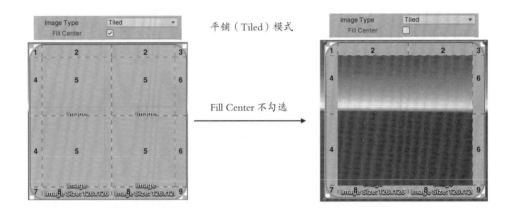

图 2-17 勾选与不勾选 Fill Center 变量的不同

模式四：Filled（填充）

Filled 模式主要是通过变量 Fill Method（填充方式）和 Fill Amount（填充量），去完成该模式的图像样式（图 2-18）。在设计界面时，如需用动态的方式来展示图像，可用代码去调控 Fill Amount 变量以完成动画般的填充效果。

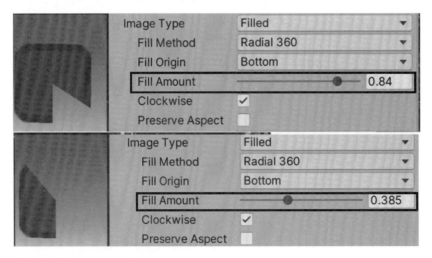

图 2-18 Fill Amount 变量

● Fill Method 指填充方式，共有横向、纵向、90 度、180 度、360 度 5 种。

● Fill Origin 指开始填充的位置。

● Fill Amount 指 0.0 ～ 1.0 范围内的填充量。

● Clockwise 指顺时针和逆时针的选项。

● Preserve Aspect 与 Simple 模式中的 Preserve Aspect 选项一样，若勾选就能使图像保持原比例不变形。

> ★ **课堂练习 1：**
>
> 任意制作一张图像，让它能随着屏幕的大小自动缩放，同时还须保持图像不变形。

2.2 Text

Text（文本）就是需要显示的字符串，即文本。界面中只要有文字方面的内容都会跟它有关，具体操作步骤如下。

步骤一：创建 Text

在 Hierarchy 面板里单击右键—UI—Text（图 2-19）。

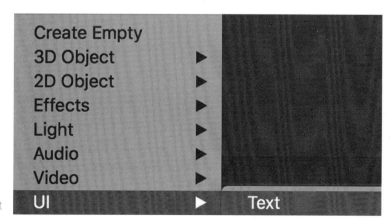

图 2-19 创建 Text

步骤二：调试 Text 变量

Text 的变量很简单，和常用文字处理软件中的差不多，调试一下即可（图 2-20）。

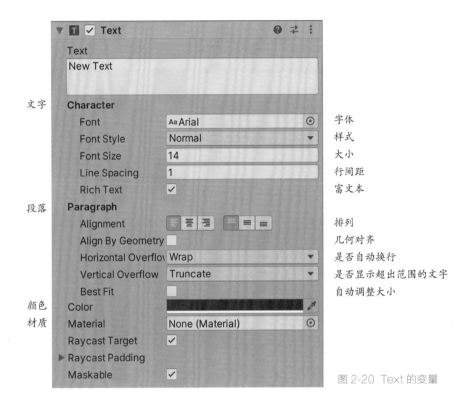

图 2-20 Text 的变量

步骤三：通过 Rich Text①（富文本）来装饰字符串

勾选了 Rich Text 变量后，会出现与 HTML 标记相似的格式，可以对字符串里的部分文字进行处理，改变其样式，比如加粗加大、改变颜色等，具体操作如下：

● 粗体：~，范围内的文字将以粗体来显示（图 2-21）。

图 2-21 Text 的粗体 Rich Text 设置

● 斜体：<i>~</i>，范围内的文字将以斜体来显示（图 2-22）。

图 2-22 Text 的斜体 Rich Text 设置

● 字体大小：<size= 值 >~</size>，范围内的文字将以指定的字体大小来显示（图 2-23）。

图 2-23 Text 的字号 Rich Text 设置

● 颜色：<color= 值 >~</color>，范围内的文字将以指定的颜色来显示（图 2-24）。

图 2-24 Text 的颜色 Rich Text 设置

颜色的值用 #rrggbb 或 #rrggbbaa 格式的十六进制数，或者指定的名称来显示（表 2.1）。

表 2.1 Rich Text 中颜色名称汇总

Color name	Hex value	Swatch
aqua /cyan	#00ffffff	
black	#000000ff	
blue	#0000ffff	
brown	#a52a2aff	
darkblue	#0000a0ff	
fuchsia /magenta	#ff00ffff	

续表

Color name	Hex value	Swatch
green	#008000ff	
grey	#808080ff	
lightblue	#add8e6ff	
lime	#00ff00ff	
maroon	#800000ff	
navy	#000080ff	
olive	#808000ff	
orange	#ffa500ff	
purple	#800080ff	
red	#ff0000ff	
silver	#c0c0c0ff	
teal	#008080ff	
white	#ffffffff	
yellow	#ffff00ff	

2.3 Raw Image

Raw Image（原始图像）与 Image 都是属于显示图形的 UI 元素，只不过 Image 是用于显示 Sprite（精灵），而 Raw Image 是用于显示纹理的。在 2.1 中提到在 Image 中导入外部图片时要先将图片转换成 Sprite 格式。而 Raw Image 不需要，不过这样也就不能使用 Sliced、Tiles 等 Sprite 特有的功能了。此外，正因为 Raw Image 显示纹理，所以可以放置视频纹理，详见 6.2。（图 2-25）

图 2-25 Raw Image 的格式要求和 Image 的格式要求

创建 Raw Image 的步骤为：在 Hierarchy 面板里单击右键—UI—Raw Image（图 2-26）。

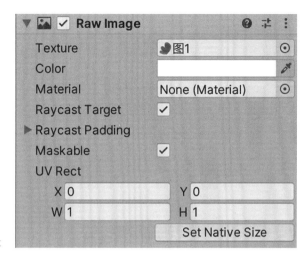

图 2-26 Raw Image 的变量

Raw Image 的变量和 Image 的有很多重复的部分，就不一一赘述了。唯一需要了解的变量是 UV Rect——图像在矩形内的偏移和大小，以 UV 坐标（数值范围 0.0 ~ 1.0）显示。

UV Rect 允许显示较大图像的一小部分，通过 X 和 Y 的数值指定图像的某个部分与控件的左下角对齐。如 X=0.5，将会截断图像自左边开始的一半。W 和 H（宽和高）的数值指定图像进行缩放的比例。如 W= 0.5，将会把图像的宽放大 2 倍来适应矩形控件。（图 2-27）

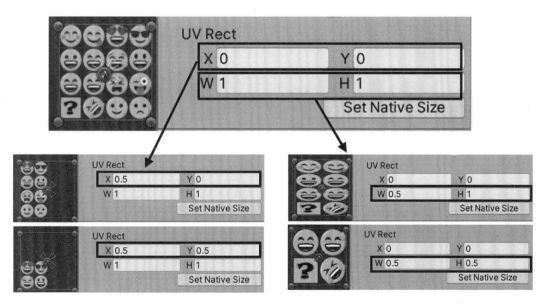

图 2-27 Raw Image 的 UV Rect 变量

2.4 Panel

Panel（面板）其实就是预设好的 Image，可以把它想象成一个和父级大小一样并可以自动伸缩的 Image，多作为背景图，是其他 UI 元素的父级选项（图 2-28）。

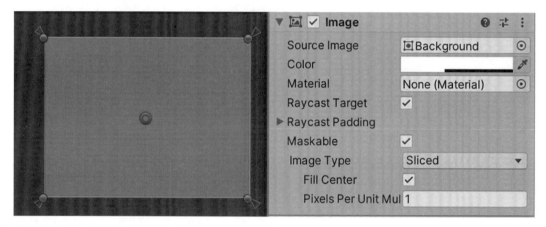

图 2-28 Panel 的变量

2.5 Button

Tip：重点，难点

在 Hierarchy 面板里单击右键—UI—Button 可创建 UI 元素 Button（按钮）。在学习 Button 之前，有几点需要说明一下：

第一，所有互动类 UI 元素都有几个相同的变量。

第二，所有互动类 UI 元素都有监听事件的功能。

第三，除了 Scroll View（视窗），其他互动类 UI 元素就是升级版的 Button，即具有 Button+ 其他元素的特性。

Image 组件、Button 组件以及子级里用来显示文本的 UI 元素 Text 共同组成了一个 Button。因此，可以把 Button 组件视为互动类 UI 元素的基础，其他互动类 UI 元素都是在此基础上再添加功能。大家不妨把 Button 作为重要学习对象，学扎实后，其他互动类

UI 元素的问题就迎刃而解了。

如图 2-29 所示,Button 组件共分为 Interactable(开关区)、Transition(过渡区)、Navigation(导航区)、监听区 4 个区域,其中前 3 个区域继承了 Selectable 类[②]。

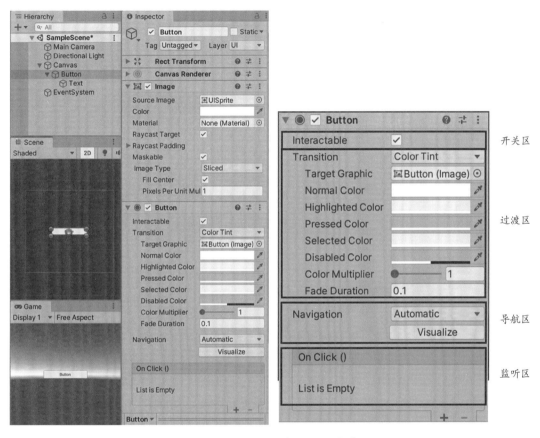

图 2-29 Button 与 Button 组件

Selectable 组件和 Button 组件在功能上有重复的部分是因为互动类 UI 元素(除 Scroll View 外)的组件继承了 Selectable 类(图 2-30)。也就是说,如果给一个基础类 UI 元素,如 Image,添加 Selectable 组件,就可以获得一个没有监听区的 Button 按钮。

图 2-30 Selectable 类

2.5.1 Interactable

Interactable 为设置是否互动的开关。未勾选该项的话，该互动类 UI 元素就会呈现不可用状态，在游戏界面上的操作将会失效，即该互动类 UI 元素的过渡区、导航区及监听区的功能将全部无法执行。

2.5.2 Transition

互动类 UI 元素有三种 Transition（过渡方式）：Color Tint（颜色过渡）、Sprite Swap（图像变换）、Animation（动画过渡）（图 2-31）。

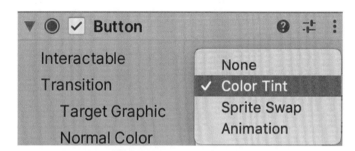

图 2-31 三种过渡方式

选定一种过渡方式后有 5 种过渡状态：Normal（正常）、Highlighted（悬停）、Pressed（按下）、Selected（选中）和 Disabled（不可选）。过渡方式和过渡状态可以根据需求来选择，并调试变量。

第一种：颜色过渡的 5 种状态

可通过修改 Color Multiplier（颜色倍数）来达到颜色的倍增，并可通过修改 Fade Duration（阴影持续时间）的秒数来选择过渡时间（图 2-32）。

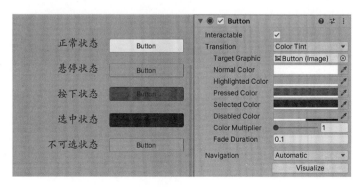

图 2-32 颜色过渡

第二种：图像变换的 5 种状态

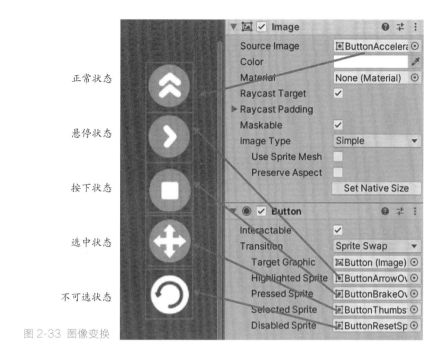

图 2-33 图像变换

第三种：动画过渡的 5 种状态

动画过渡是三种过渡方式中最困难的一种，但如能灵活使用，它将会是最有效果的，这里可以对照以下步骤进行操作（图 2-34）。

（1）选择 Button 组件过渡区的 to Generate Animation（生成动画）按钮。这时会弹出一个菜单，命名后可以自动生成一个 Animator 组件。

（2）检查 Button 的 Inspector 面板里自动出现的 Animator 组件，同时查看 Project 面板里多出的动画状态机图标。

只有通过 to Generate Animation 按钮生成出来的动画状态机才能自带动画过渡的 5 种状态（Normal、Highlighted、Pressed、Selected、Disabled）；如果不是通过这个按钮，而是直接自创建 Animator 组件，将不会带有这 5 种状态。

（3）双击动画状态机图标，打开动画状态机。

可以看到这个动画状态机自带动画过渡的 5 种状态，可以切换不同状态从而产生不同的动画过渡效果。由于动画系统是一个比较庞大的系统，不仅用在 UGUI 上，2D 动画、3D 动画调用都需要通过这个动画系统才能运作，因此这里不展开细述。在此步骤中只需要观察，不需要在 Animator 面板里有任何操作。

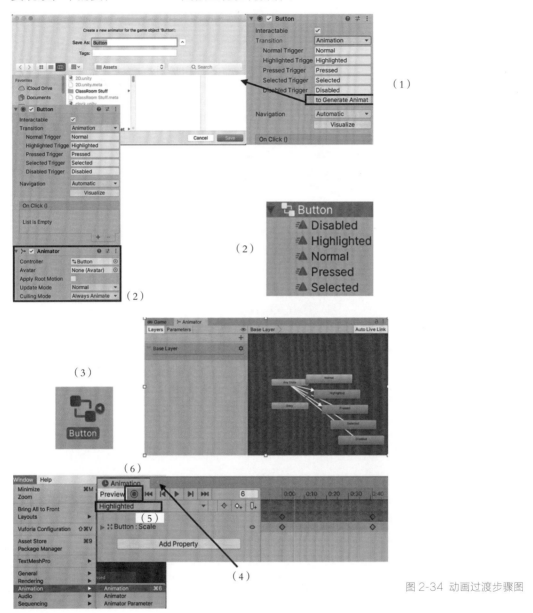

图 2-34 动画过渡步骤图

（4）选择菜单栏 Window—Animation—Animation，打开 Animation 面板。

注意，这里是"Animation"非"Animator"，初学者容易混淆这两个面板，Animator 是动画系统的面板，主要用于处理多个动画之间的过渡问题，比如从"走"这个动画过渡到"跑"这个动画，又如 UGUI 中从 Normal 状态的动画过渡到 Highlighted 状态的动画；而 Animation 面板是录制具体某一个动画关键帧的面板，比如 Highlighted 状态的动画是一个呈现放大效果的动画，那么这个放大效果动画关键帧是在 Animation 面板里录制的。

（5）在红点下面的下拉菜单中选择 Highlighted 状态。

下拉菜单中的选项和步骤（3）中动画状态机里出现的 5 种动画状态是一一对应的。

（6）点击红点录制动画，录制完毕关掉红点。

可以通过设置不同的关键帧来产生动画，此处的操作和一般的动画制作软件操作差不多。图 2-34 中步骤（6）仅仅制作了 Highlighted 状态的动画，如果有需要，大家可以通过步骤（5）中的下拉菜单选择不同动画状态分别进行动画录制。

2.5.3 Navigation

Navigation（导航）的知识点现只需了解。它是键盘或者控制器决定以什么顺序来选择 UI 元素的控制机制。比如，常见的电视盒子遥控器，其上、下、左、右按钮分别是以某种顺序来控制电视屏幕上的界面元素。

Navigation 有 6 种模式，见图 2-35。

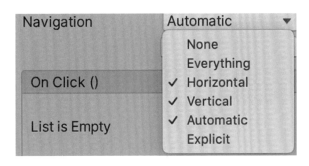

图 2-35 6 种导航模式

（1）None（无），不设置导航。

（2）Everything（全部），勾选此项则会把后 4 种模式全选。

（3）Horizontal（水平方向），选择键盘或控制器（如电视遥控）的左、右键时，选择所按键方向的下一个 UI 元素，而忽略上、下键。

（4）Vertical（垂直方向），选择键盘或控制器（如电视遥控）的上、下键时，选择所按键方向的下一个 UI 元素，忽略左、右键。

（5）Automatic（自动），选择上、下、左、右键时，选择所按键方向的下一个最适合的 UI 元素。勾选 Automatic 后，系统会自动把 Horizontal 和 Vertical 同时勾选上。

（6）Explicit（明确），设置按上、下、左、右键时，手动设置所按键方向的下一个选择的 UI 元素。

如图 2-36 所示，选择 Explicit 模式，然后对各个按钮再分别进行设置。运行后，当我们按下 A 按钮的时候，用键盘左键可以到达 D 按钮，右键到达 B 按钮，上键可以到达 E 按钮，下键到达 F 按钮。选择 Visualize（可视化）按钮时，可以让箭头清晰地标示出各个按钮的走向；如果不选择，会隐藏这些走向。

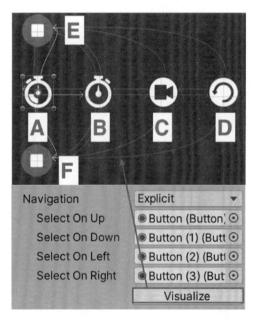

图 2-36 Explicit 模式

2.5.4 监听区

Tip：重点

每一个 UI 元素的监听区都有所不同。如图 2-37 所示，Button 组件中是 On Click，即按下后松开时的监听；Toggle 组件中是 On Value Changed，即返回值发生变化时的监听，返回值为 Bool 值；Scroll Rect 组件虽然也是 On Value Changed，但返回值是

Vector2 类型的值（只有 X, Y 两个方向的向量）（图 2-37 ）。

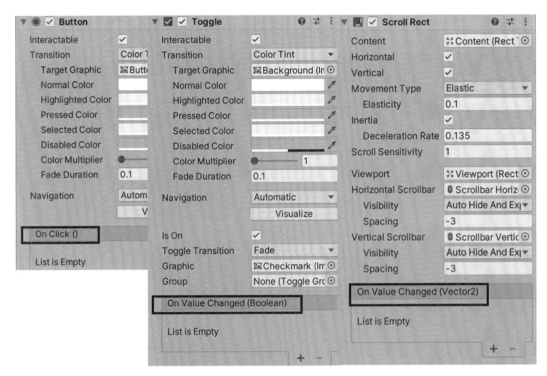

图 2-37 不同 UI 元素的监听区

监听区可以执行预先设置好的指令，使 UI 元素的功能变得丰富多彩。例如，当监听到 Button 被按下并松开时，调用某个 GameObject 或组件的变量，让其从原来的变量变成指定的变量。

图 2-38 下拉菜单是 3 种监听模式：Off（不监听）、Editor And Runtime（编辑和运行时都监听）和 Runtime Only（只在运行时监听）。

图 2-38 监听模式

当按下监听区的按钮"+"时，会自动添加一个事件，如果希望某个 UI 元素与 Game Objec 产生交互反应，就在 Hierarchy 面板中将需要产生变化的 GameObject 拖入该 UI 元素的监听区，然后设置 GameObject 中组件的变量，让其发生变化。

比如，想通过点击 Button 按钮让 3D 物体 Cube 换一种 Material（材质球）[3]。在 Button 监听区添加事件，再把这个 Cube 拖入 Button 组件中的 On Click () 区（图 2-39），于是 Cube 这个游戏物体的组件会一一呈现在监听区的选项里（图 2-40）。Material 属于 Mesh Renderer 组件里的变量，所以可以在监听区中选取 Mesh Renderer—Material，并从 Project 面板把想要变换的材质球拖入此处，如图 2-40 中的案例，拖入监听区的材质球名为 purple1。

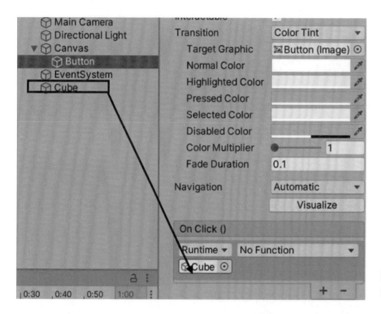

图 2-39 把 Cube 拖到 Button 组件的监听区

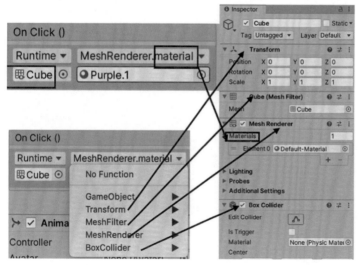

图 2-40 组件与监听区的选项一一对应

点击 Button 后 Cube 的材质就会发生变化（图 2-41）。

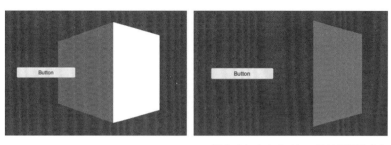

图 2-41 点击 Button 后材质发生变化

总而言之，依旧是 Unity 学习与运用的思路：GameObject—Component—变量（图 2-42）。

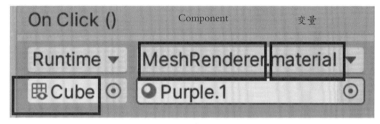

图 2-42 监听区里的思路

一个监听区可以放置多个监听事件，可以通过"+"或"−"来增减。运行则按照从上到下的顺序来进行。这样可以不写脚本，就能轻松地完成相应的互动功能。不过，如果想调用自己写的脚本，则需要用以下方法。

方法一：设置 Button 组件的监听区

（1）在 Project 文件夹中右键添加 C# 脚本④，如脚本 2-1 所示，在自己命名的方法⑤前加"public"，写一句简单的代码"print("The Button is Clicked!");"。然后把这个 C# 脚本拖入 GameObject（此处为 Button）的 Inspector 面板中成为其组件（脚本也是组件）。

◎ 脚本 2-1：

```
using System.Collections;
using System.Collections.Generic;
using UnityEngine;

public class ButtonClick : MonoBehaviour
```

```
{
  // Start is called before the first frame update
  void Start()
  {

  }

  // Update is called once per frame
  void Update()
  {

  }
  public void OnButtonClick() {      // 这里请务必加 Public
    print("The Button is Clicked!");
  }
}
```

（2）将带有脚本的 GameObject 拖入 Button 组件的监听区，因为此处脚本放到 Button 身上，所以就把 Button 拖入自己的 Button 组件的监听区。然后会出现自定义脚本 "ButtonClick"，选择脚本里的自定义方法名 "OnButtonClick"，从而完成互动功能。（图 2-43）

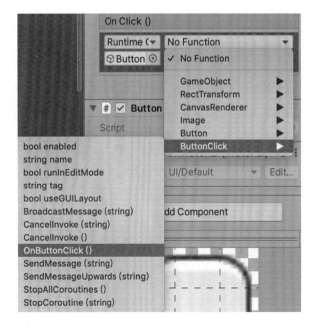

图 2-43 找到脚本里的自定义方法

最后，点击 Button，就会出现 OnButtonClick() 方法里的反应。（图2-44）

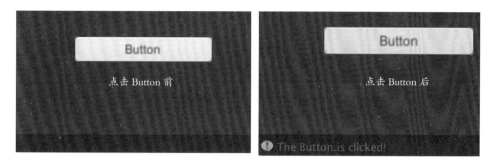

图 2-44 点击 Button 查看脚本响应的效果

方法二：使用纯脚本

如果不想或不能用将GameObject拖入监听区的办法，完全靠脚本的编辑也是可行的，如脚本2-2，将该脚本绑定在 Button 身上。

◎ 脚本 2-2：

```
using UnityEngine;
using UnityEngine.UI;          需要添加的命名空间

public class ButtonClick : MonoBehaviour
{
        private Button button;              等同于手动加入 Button 组件的监听区
    void Start()
    {                                            On Click ()
        button = GetComponent<Button>();
        button.onClick.AddListener(OnButtonClick);
    }
    void Update()
    {
    }
    public void OnButtonClick() {
        print("The Button is clicked!");
    }
}
```

对初学者来说，命名空间是比较陌生的名词，其实命名空间是通过名称来分类，区别不同的代码功能。命名空间本质是为了解决重命名的问题，因为不同的人在定义时会出现命名相同的情况，为了避免混淆就出现了命名空间。举一个身边常见的例子，张三在 A 学校里的学号是 123，李四在 B 学校里的学号是 123，虽然学号相同但并不会影响他们各自在校的学习，因为他们学校不同。但是如果是在同一所学校学习，那么势必会影响到方方面面。回到脚本中，使用了 using UnityEngine.UI 就等于进入 UnityEngine 里的 UI 功能代码，即在这个 UnityEngine.UI 命名空间里的变量或方法的名称都是只在这个 UI 模块代码里的名称，避免了和其他模块的名称重名。如果初学者刚开始觉得陌生且费解，那么只需要记住：如果想在代码中调用 UI 元素里的"关键词"，如这里的"Button"，那么必须加上 UnityEngine.UI 的命名空间。

button.onClick.AddLisener() 相当于 Button 组件里监听区 On Click () 的功能，调用的是下方 OnButtonClick() 方法。

因为脚本 2-2 中有"GetComponent<Button>()"，所以 GameObject 必须带有 Button 组件，此处的 GameObject 为 Button。将写完的脚本拖入 GameObject 的 Inspector 面板，运行后可以得到和方法一同样的效果。

> ★ 课堂练习 2：
>
> 　　将 Button 设置成图像变化模式，然后每按下一次 Button，Text 显示数字并加 1。

2.6 Toggle

2.6.1 Toggle 的变量及应用

Toggle（开关）每次按下，都会在勾选 Is On（开）和不勾选 Is On（关）两个状态之间切换。

Toggle 的构成如图 2-45 所示，父级是一个 Toggle 组件，子级包括两个图像（开和关的图像）以及文本。Toggle 组件与 Button 最大的区别就是多出了黑框的区域。

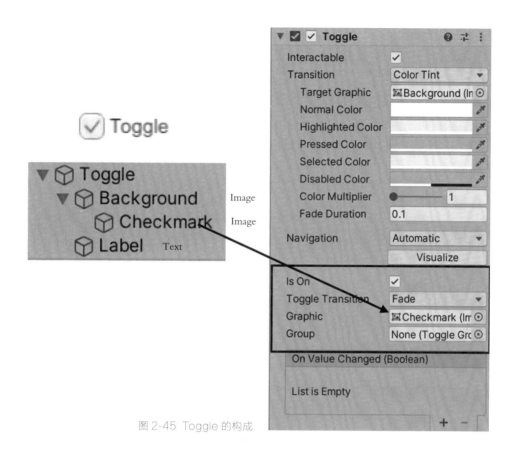

图 2-45 Toggle 的构成

具体而言，Is On 指 Toggle 的开 / 关状态。Toggle Transition 为显示切换时的效果，None 是立即切换，Fade 是切换时呈现淡进淡出效果。Graphic 与 Is On 联动，指定图像（图 2-45 中是名为 "Checkmark" 的图像）的显示及不显示。Group 是多选一的必备变量，详见 2.6.2。

下面通过两个练习来学习 Toggle 的变量。

练习一：制作一个 Toggle，并修改开和关对应的图像

在 Hierarchy 面板里单击右键—UI—Toggle（图 2-46），将两张图像分别放入相应的区域，由于该例没有用到文字，故需要将子级名为 "Label" 的 Text 删掉。

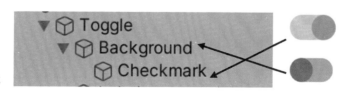

图 2-46 Toggle 的图像构成

运行后，观察 Inspector 面板里的 Is On 变量的变化。（图 2-47）

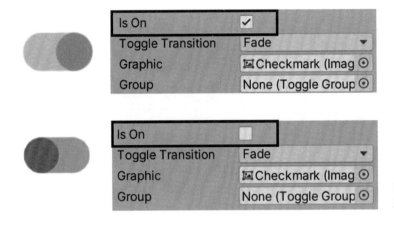

图 2-47 Toggle 不同值
对应的 Is On 变量和图像

练习二：运用 Toggle，显示 / 不显示 Image

第一种方法为设置 Toggle 组件的监听区。

Image 的显示 / 不显示由 Inspector 面板上左上角的方框选项是否勾选决定，这个选项表现在代码上就是 SetActive，有 true/false 两个值。而 Toggle 正好可以返回 Bool 值，因此将 Image 拖入 Toggle 组件的监听区，并选择 Dynamic bool（动态布尔值）里的 SetActive，这样就完成了 Toggle 对 Image 显示状态的控制（图 2-48）。

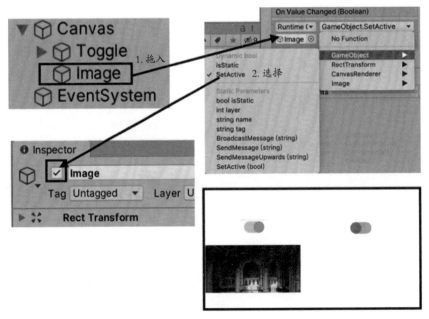

图 2-48 设置监听区的步骤

相对于 Button 组件的监听区，Toggle 多了选项 Dynamic bool。Dynamic bool 会自动地将 Is On 的值传递过去，同时会随着 Is On 的变化而变化。而 Static Parameters（静态参数）里的 SetActive（Bool）和 Is On 的变化没有关系——Static Parameters 只能选择 true 或者 false 的固定值。

第二种方法为使用纯脚本。

用纯脚本的方法也可以达到这个效果。这里和 Button 组件监听区 On Click 没有返回值有所不同，Toggle 此处有返回值 Bool 值。在 ToggleClick 的脚本（脚本 2-3）中，返回值就是 OnToggleClick() 方法里括弧中的 Bool 值。最后把该脚本绑定在 Toggle 身上，将 Image 拖入 Inspector 面板里脚本的变量 "Image" 里（图 2-49）。

◎ 脚本 2-3：

```
using UnityEngine;
using UnityEngine.UI;

public class ToggleClick : MonoBehaviour
{
    // Start is called before the first frame update
    private Toggle toggle;
    public GameObject image;          因为只有 GameObject 才有 SetActive
    void Start()
    {
        toggle = GetComponent<Toggle>();
        toggle.onValueChanged.AddListener(OnToggleClick);
    }
    // Update is called once per frame
    void Update()
    {
    }
    public void OnToggleClick(bool value) {
        image.SetActive(value);
        print("The Toggle now is "+value.ToString() );
    }
}
```

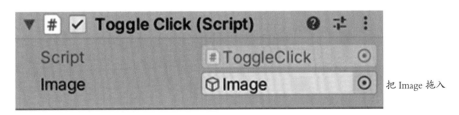

把 Image 拖入

图 2-49 纯脚本的监听

2.6.2 Toggle Group 的用法

Toggle Group（开关组）能实现多选一的功能，即组内的任一 Toggle 为"开"时，其他 Toggle 全部处于"关"的状态。这是个常见功能，搭配面板就可以实现一次只打开一个面板的效果，详见 3.5.1。Toggle Group 的使用可以分三步来完成。

步骤一

新建空物体[6]（空物体名为"GameObject"），放置 Toggle Group 组件。在 Hierarchy 面板里单击右键—Create Empty，创建空物体，确保空物体处于 Canvas 的子级里，然后在这个空物体的 Inspector 面板里点击 Add Component—Toggle Group，添加该组件；也可以通过菜单栏的 Component —UI—Toggle Group 添加（图 2-50）。

图 2-50 在空物体中添加 Toggle Group 组件

步骤二

多放置几个 Toggle 作为空物体 GameObjec 的子级，并把父级 GameObject 拖入每个子级 Toggle 的 Group 变量里（图 2-51）。

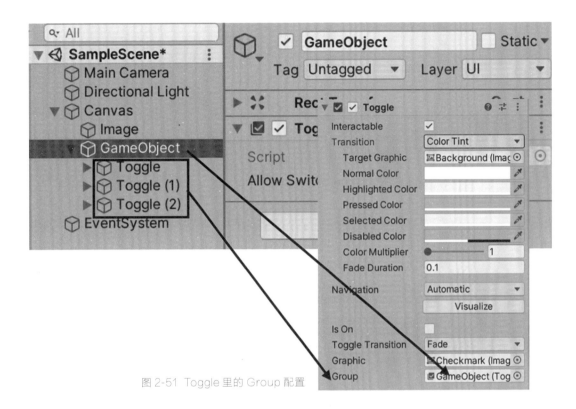

图 2-51 Toggle 里的 Group 配置

步骤三

设置多选一。子级里的 Toggle 组件变量 Is On 处于不勾选状态，只留一个为勾选状态，就可以做到多选一了。在 Unity 2020 中，这个步骤可以省略，系统会自动生成。有时候需要将所有选项设置为"关"的初始状态，在 Toggle Group 的组件里勾选 Allow Switch Off，运行时所有 Toggle 都处于 Is On 为关的状况（图 2-52）。

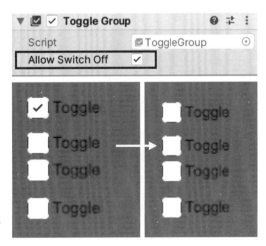

图 2-52 Toggle Group 组件里
Allow Switch off 的用法

2.7 Slider

Slider（滑动条）是在横向或纵向范围内滑动操控数值的 UI 元素。可以用滑动条来调节音量，也可以用作没有滑块的进度条，如游戏人物身上的血条。

2.7.1 Slider 的构成及变量

Slider 的子级基本上都是由图像和空物体组成，空物体是为了限制滑块和进度条的滑动范围（图 2-53）。

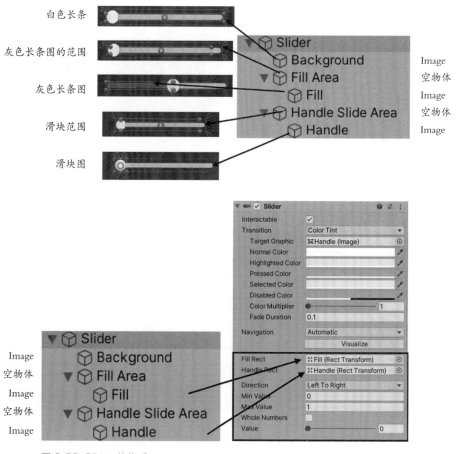

图 2-53 Slider 的构成

● Fill Rect（填充矩形）：Min Value 到滑块所到的值两者之间的伸缩对象，就是上图中的灰色长条部分，也就是我们常见的人物血条中的当前血量的部分。如果这个部分是空缺的话，灰色长条图像将不再伸缩。

● Handle Rect（滑块图）：如果为空缺的话，就可以设置成没有滑块的滑动条，如加载的进度条。不过值得一提的是，哪怕没有滑块，鼠标指针拖动进度条时还是会有滑动操作。

● Direction（方向）：有从左到右、从右到左、从上到下、从下到上的选项。

● Min Value（最小值）：用来设置滑块的最小值。

● Max Value（最大值）：用来设置滑块的最大值。

● Whole Numbers（整型值）：如果开启的话，滑块值会被限制为整数，即没有小数点的数字。

● Value（滑块初始值）：范围由 MinValue 和 MaxValue 限制，只能在这两者之间来取值。这个值还可以和监听区的 OnValueChange 里的返回值联动。

2.7.2 Slider 的事件监听

方法一： 设置 Slider 组件里的监听区

与 Toggle 返回值不同，Slider 的返回值是单精度浮点类型，即 Single 值[7]（图 2-54）。监听器的功能列表里有 Dynamic float（动态浮点数）和 Static Parameters（静态参数）。Dynamic float 会自动传送 Slider 的变化值。

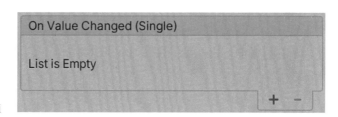

图 2-54 Slider 的返回值

如图 2-55 所示，把一张 Image 拖入 Slider 的监听区，这样 Image 的组件会出现在下拉菜单里。选择具有透明通道的 CanvasRenderer 组件里的 SetAlpha 来调节图像的透明度，由于 Alpha 的取值范围是 0 ~ 1，所以 Slider 的 Min Value 应该是 0 而 Max Value 应该是 1。

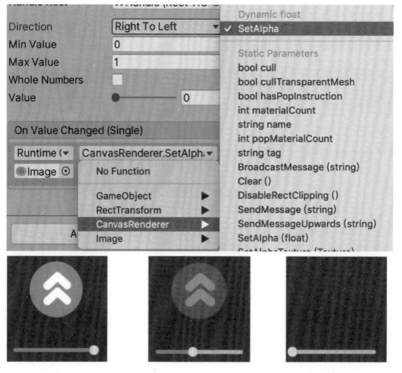

图 2-55 在监听区的操作及最终效果

方法二：使用纯脚本

编写脚本 2-4，并将该脚本绑定在 Slider 上的，最后将 Image 拖入 Inspector 面板里脚本的变量"Image"中（图 2-56）。

◎ 脚本 2-4：

```
using UnityEngine;
using UnityEngine.UI;

public class UIClick : MonoBehaviour
{
  private Slider slider;
  public GameObject image;
  // Start is called before the first frame update
  void Start()
  {
    slider=GetComponent<Slider>();
    slider.onValueChanged.AddListener(OnSliderClick);
```

```
    }

    // Update is called once per frame
    void Update()
    {

    }
    public void OnSliderClick(float value) {
    image.GetComponent<CanvasRenderer>().SetAlpha(value);
    print("The Value now is"+value.ToString());
    }
```

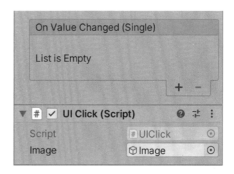

图 2-56 拖入 Image

2.7.3 无滑块的滑动条运用

无滑块的滑动条的设置与 Slider 事件监听的步骤类似，建议使用纯脚本的方法，见脚本 2-5。

◎ 脚本 2-5：

```
using UnityEngine;
using UnityEngine.UI;

public class UIClick : MonoBehaviour
{
    private Slider slider;
    public CanvasRenderer canvasRenderer;
    void Start()
    {
      slider = GetComponent<Slider>();
```

```
        canvasRenderer.SetAlpha(0.0f);
    }

    void Update()
    {
    slider.value = Mathf.MoveTowards(slider.value, 1, 0.02f);
    }
}
```

另外，有以下几点注意事项：

（1）为了方便观察，用代码关键词"Mathf.MoveTowards"来实现进度条从左到右滑动。MoveTowards (current : float, target : float, maxDelta : float) : float 采用改变一个当前值向目标值靠近，返回值是 float，即 Single。

（2）在 Start() 方法里让 Image 的 Alpha 值变为 0，这样初始值就是透明的状态。

（3）为了让这个 MoveTowards 返回的值一直有变化，把它放在 Update() 方法里，这样它每帧都会运行起来，从而实现从左到右的自动动态效果。

因为是进度条，不需要有任何拖拽的动作，所以去掉开关区的勾选。另外，在 Hierarchy 面板上关闭 SetActive 变量使滑块不显示。脚本完成并绑定 Slider 后，确保在 Inspector 面板里脚本的变量 Canvas Renderer 里拖入 Image（图 2-57）。

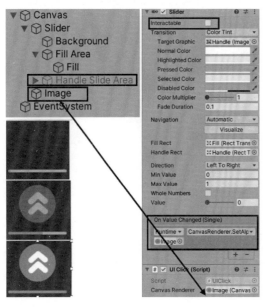

图 2-57 Inspector 面板里的设置

2.8 Scrollbar

Scrollbar 滚动条是用来操控 Scroll View（视窗）的，它和 Slider 一样，可以通过滑块来操作 UI 元素。不过 Slider 的滑块大小一般是固定的，而 Scrollbar 的滑块会根据内容的多少有所伸缩，而且 Scrollbar 的 Value 值只有 0 ~ 1 的取值范围，而 Slider 则可以自行调节 MinValue 和 MaxValue 的值。

2.8.1 Scrollbar 的构成和变量

在 Scrollbar 的构成中，Sliding Area 是子级空物体，可限制滑块的活动范围；Handle Rect 是滑块图。

Scrollbar 的变量与 Slider 的类似。

● Direction：滑块的方向，可以选择从左到右、从右到左或从上到下、从下到上，如果选择纵向的两个选项，那么滚动条就会以垂直的方式来显示；反之滚动条会以水平的方式来显示。

● Value：滑块从一个方向开始一直滚动到另一个方向为止的值，取值范围为 0 ~ 1。

● Size：滑块大小，数值越大滑块越长。

● Number Of Steps：滑块的最小单位，取值范围为 0 ~ 11。比如设置了 3，那么滑块只会有 3 个位置，但值得注意的是，当设置为 0 或者 1 的时候，滑块的位置数则会变得没有限制（图 2-58）。

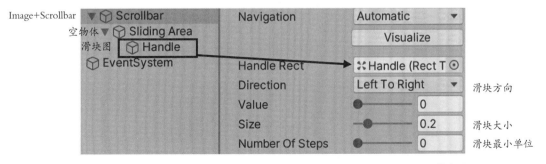

图 2-58 Scrollbar 的变量

2.8.2 Scrollbar 的事件监听

Scrollbar 的监听功能列表可分为 Dynamic float（动态浮点数）和 Static Parameters（静态参数）两种。On Value Changed 如果返回的是动态浮点数，可以与 Scrollbar 的 Value 值联动。

如图 2-59 所示，首先，把一张 Image 设置成 Filled 模式（详见 2.1.2），让它从左到右呈现。然后将 Image 拖入 Scrollbar 组件的监听区，让 Value 值和 Image 的 FillAmount 值联动。这样一旦操作滚动条，就会触发监听事件，拖动滑块就等于拖动 FillAmount 的值。（Image 的 Filled 模式才有 FillAmount 值）

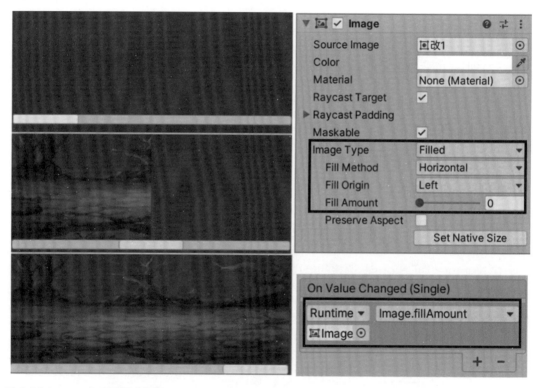

图 2-59 Inspector 面板里的设置

2.9 Scroll View

Scroll View（视窗）可以动态地呈现屏幕中无法全部展示的内容，通过滚动条的拖拽来呈现不同的内容。值得注意的是，它的组件叫 Scroll Rect，而非 Scroll View。

2.9.1 Scroll View 的构成和变量

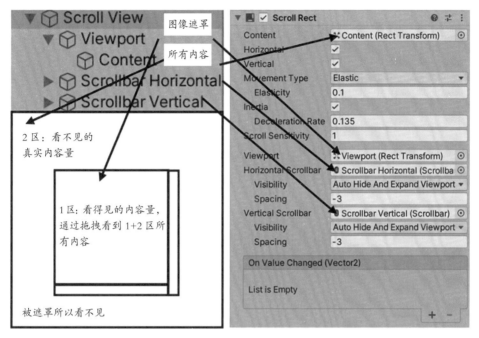

图 2-60 Scroll View 的构造和变量

Scroll View 是由一个 Viewport（图像遮罩）和 Scrollbar（滚动条）组成的 UI 元素。

Content（内容区）作为 Viewport 的子级，可以放置的内容比遮罩区域的更多，而对横竖两个滚动条都可以进行上下左右的拖拽，以此显示 Content 中的所有内容。

值得一提的是 Mask（遮罩），即可遮挡部分内容的组件。一般来说，在 Image 里放置一个 Mask 组件，这个带 Mask 组件的 Image 为父级，它可以遮挡子物体，通常子物体是所有内容，这样就完成了遮罩。遮罩的知识点详见 2.12。

图 2-61 中 Viewport 则是由 Image 组件和 Mask 组件组成的游戏物体，其位置大小如图 2-61 下所示，只显示一张椅子的大小。

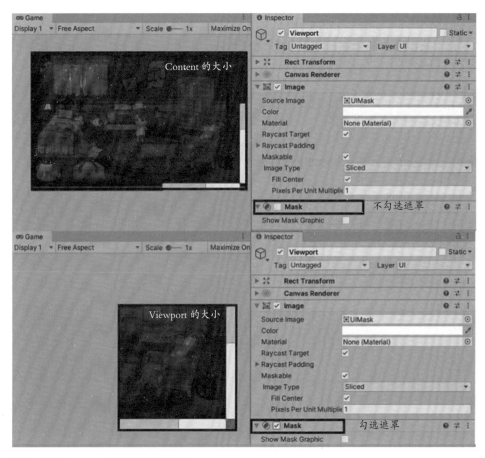

图 2-61 Viewport 的遮罩组件及效果

当勾选 Mask 后，能看到的就是 Viewport 大小的内容，而 Viewport 的子级 Content 才是所有需要显示的内容，通常可以通过不勾选 Mask 来查看 Content 的大小。这就是遮罩的用处，也是 Scroll View 的意义所在——小身体，大内容。

Scroll View 的变量相对简单，首先需了解 Movement Type（图 2-62）。

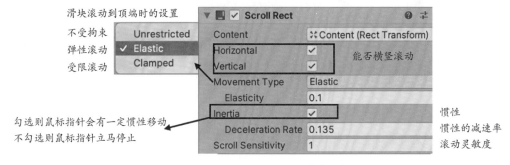

图 2-62 Scroll Rect 的常用变量

● Movement Type 为滑块滚动到顶端时的动作设置，有以下 3 种方式：

■ Unrestricted（不受拘束）：当滑块滚动到顶端时，如果继续用鼠标指针拖拽或者滚动鼠标滚轮的话，内容就会被移到显示区域之外的地方。

■ Elastic（弹性滚动）：当滑块滚动到顶端时，如果同上操作，内容会往反方向再滚一定的量后马上回到顶端，即会有一个弹性的动作。

■ Clamped（受限滚动）：当滑块滚动到顶端后，如果同上操作，内容就不再继续滚动了。

Scroll View 的 Scrollbar 部分是与 Content 的大小相关联的，这方面的变量如图 2-63 所示：

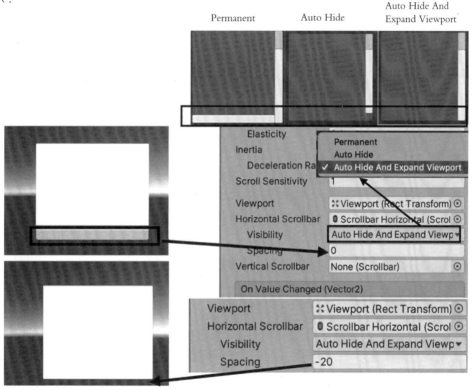

图 2-63 Scrollbar 的设置及间距实例

● Visibility：Scrollbar 的可见方式，分为 Permanent（始终显示）、Auto Hide（自动隐藏）和 Auto Hide And Expand Viewport（自动隐藏及扩展）等 3 种方式，对比效果见图 2-63 上。

● Spacing：Scrollbar 和 Viewport 之间的距离，对比效果见图 2-63 左。

2.9.2 实现 Scroll View 的多内容呈现

在 Hierarchy 面板中单击右键—UI—Scroll View，建立视窗，并在 Content 的子级里加入多个 Button，并暂时去掉 Viewport 中 Mask 组件的勾选以便查看 Content 的全部内容。（图 2-64）

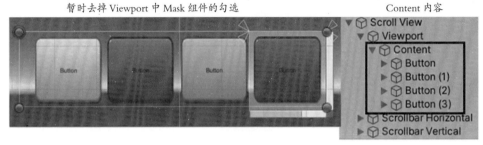

图 2-64 Scroll View 的实例

因为这里不需要用到垂直滚动，所以去掉 Vertical 的勾选。（图 2-65）

图 2-65 垂直方向的设置

设置滚动条的可见方式为 Auto Hide And Expand Viewport，使垂直滚动条在游戏播放后可以自动消失，演示效果如图 2-66。而且它有 3 种交互方式——拖拽内容、滚动鼠标滚轮和拖拽滚动条，均可实现同样的效果。

图 2-66 滚动效果

2.9.3 Scroll View 的事件监听

操作 Scroll View 时会触发 On Value Changed 的事件，在 Scroll View 的返回列表里，有动态 Vector2 向量和静态 Vector2 向量两类。

以利用横竖滚动条的值来控制 Image 的长度和宽度为例，因为 Image 的长宽并不是用代码关键词 Rect Transform. width 或 Rect Transform.hight 来表示的，而是 GetComponent<Rect Transform>().sizeDelta = new Vector2(width, height)，所以把 Image 拖入监听区时，需要选择 sizeDelta（图 2-67）。

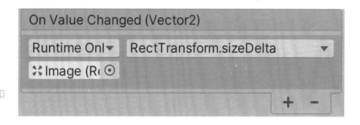

图 2-67 滚动条变量和 Image 的长宽联动

由于滚动条的取值范围只能是 0 ~ 1，因此需要把 Width 和 Height 改成 0 ~ 1 的值，Image 暂时变得很小，可通过放大 Scale 值便于观察（图 2-68 中将 Scale 放大到 100）；将 Image 拖入监听区，并选择动态 Vector2 向量中的 sizeDelta。

该操作的效果如图 2-68 所示：

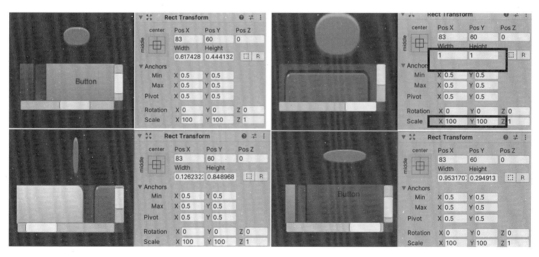

图 2-68 联动效果

★ 课堂练习 3：

点击圆点，切换不同的图像，请用 Button 和 Scroll View 来实现这样的效果。

2.10 Dropdown

Tip：难点

用户在 Game 面板中点开某菜单后会出现几个选项，此类菜单被称为 Dropdown（下拉菜单），可从中选取一种并显示该选项（图 2-69）。Dropdown 在 Unity 5.2 以后的版本中才出现，是最为复杂的 UI 元素。

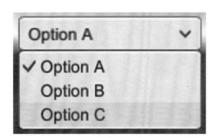

图 2-69 Dropdown

2.10.1 Dropdown 的构成

Dropdown 之所以复杂是在于它一直处于变化的状态。在 Hierarchy 面板里仔细观察暗掉的 Template 部分，它其实是 Dropdown 组件中的一个模板（图 2-70 左）。当游戏播放后点击 Dropdown，Hierarchy 面板里就会出现该模板的实例（图 2-70 右），此时下拉菜单的选项数量和 Hierarchy 面板中 Item 的数量一致。

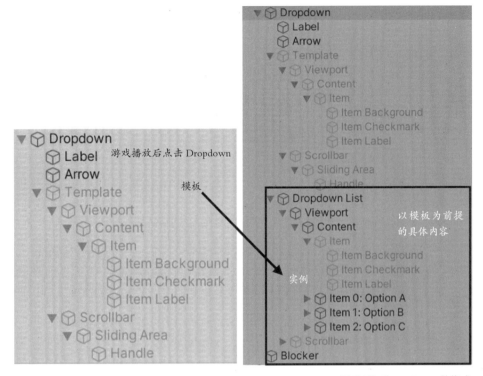

图 2-70 Dropdown 的构成

DropDown 的初始文字和箭头图像如图 2-71 所示。

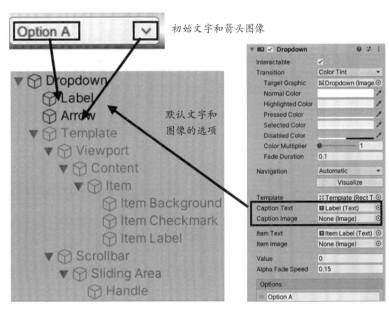

图 2-71 Dropdown 的初始文字和箭头图像

再来看模板 Template，它其实是一个 Scroll View，其内容 Item 是 Toggle。Item
有 3 个子级：Item Background、Item Checkmack 和 Item Label（图 2-72）。

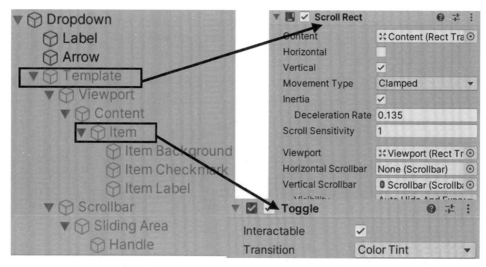

图 2-72 Dropdown 模板的构成

通过 Dropdown 组件中 Options 变量的加减按钮，可以增减 Hierarchy 面板中 Item
的数量，也就是添加或者删除 Game 面板中下拉菜单的选项（图 2-73）。

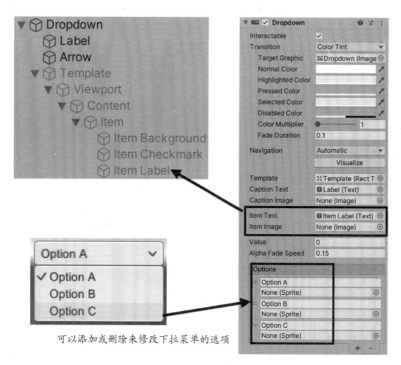

可以添加或删除来修改下拉菜单的选项

图 2-73 Options 选项的增减

2.10.2 替换 Dropdown 的默认图像

你可能已经注意到了，Dropdown 组件里的 Caption Image 和 Item Image 是空的，3 个 Options 选项里的 Sprite 处也是空的，这说明此时下拉菜单中的选项背景图为系统默认图，如要改变，就需要在这几处修改。

（1）修改模板，替换系统默认图。如图 2-74 里的箭头标注，可在 Dropdown 的子级 Template 里修改 Dropdown 的背景图、选中的图标以及 3 个选项的背景图。文字部分 "Option A" 等可以在 Dropdown 组件的 Options 里修改。

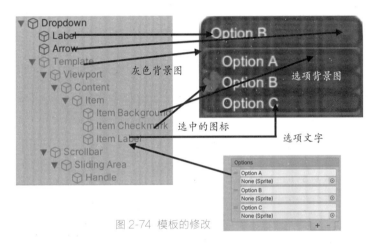

图 2-74 模板的修改

（2）选项背景图的个性化设置。如果希望不同选项的背景图有所不同，选中选项后 Dropdown 的背景图也会相应地发生变化，这时光修改模板就不够了，需按图 2-75 标注的步骤设置不同的图像。

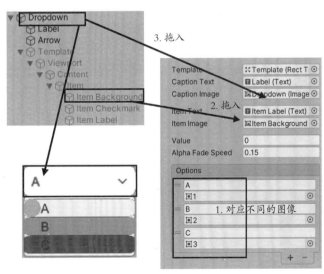

图 2-75 不同选项对应
不同图像的设置

效果如图 2-76 所示：

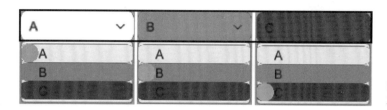

图 2-76 不同选项对应
不同图像的效果

2.10.3 Dropdown 的事件监听

操作 Dropdown 时会触发 On Value Changed 的事件，将返回 int（整型）值，这个值可以与 Dropdown 组件的变量 Value 联动。选项一对应 Value 0（在程序中是从 0 开始编码的），选项二对应 Value 1，以此类推。

例如，用 3 个选项分别代表 3 个材质球，通过 Dropdown 替换 3D 物体的材质。（图 2-77）

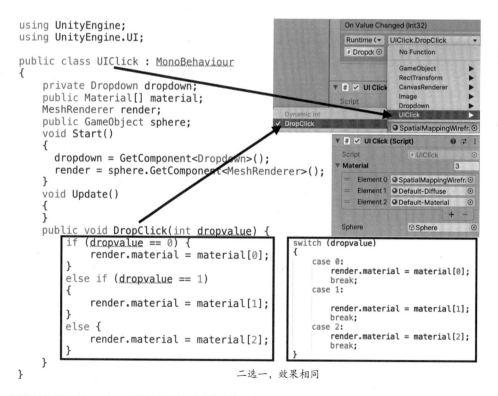

图 2-77 通过 Dropdown 选择不同材质球的脚本及监听区设置

用数组的方式放置 3 个不同的材质球，用自定义方法即 DropClick() 方法返回 int 类型的值。OnValueChange() 方法监听名为"dropvalue"的返回值，同时与 Dropdown 的 Value 联动。If 从句和 switch 从句都可以达到变换材质球的效果，二选一即可。(图 2-78)

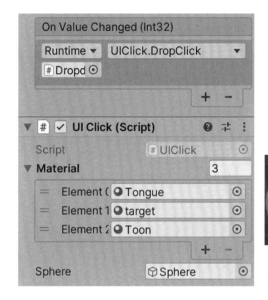

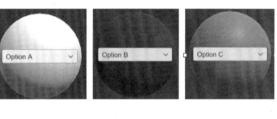

图 2-78 Inspector 面板中的设置及最终效果示意图

2.11　InputField

InputField（输入框）是用户用来输入文字的 UI 元素，除了可用于电脑，还可在手机、平板电脑等移动设备上使用以便输入文字，在移动设备上点击 InputField 时会弹出虚拟键盘。

2.11.1　InputFiled 的构成和变量

在 Hierarchy 面板里，单击右键—UI—InputFiled 来创建一个 InputFiled。它有 2 个 Text 子级：Placeholder(缺省文字，此处为"Enter text ...") 和 Text(用户输入的文字)。(图 2-79)

图 2-79 InputFiled 的构成和变量

游戏播放时，输入框就会自动地创建一个游戏物体 InputFiled Input Caret（图 2-80），这是一个指示输入位置的鼠标指针。InputFiled Input Caret 在 Inspector 面板里有一个自动布局的组件，关于自动布局的知识详见第 4 章。

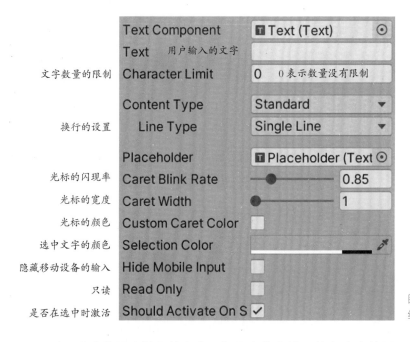

图 2-80 运行后自动生成的 InputFiled Input Caret

再看 InputField 组件的变量，如图 2-81 所示。

文字数量的限制
换行的设置
光标的闪现率
光标的宽度
光标的颜色
选中文字的颜色
隐藏移动设备的输入
只读
是否在选中时激活

图 2-81 InputField
组件的变量

Text 选项内容为用户输入的文字，如果事先在这里输入文字的话，那么 Placeholder 处的文字就会失效（图 2-82）。

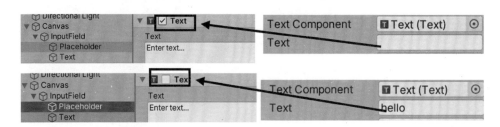

图 2-82 Placeholder 缺省文字的变化

InputField 组件还有一个常用的变量：Content Type（输入栏类型）。（图2-83）

输入栏类型

Content Type	✓ Standard	标准
Line Type	Autocorrected	带自动校正功能
	Integer Number	只能输入整型数字
Placeholder	Decimal Number	只能输入数字和浮点数
Caret Blink Rate	Alphanumeric	采用字母和数字输入
Caret Width	Name	输入名字格式不能输入符号
Custom Caret Color	Email Address	电子邮件地址的格式
Selection Color	Password	密码（输入的字符显示为★）
	Pin	输入的字符显示为★且只能是 0 ～ 9 的数字
Hide Mobile Input	Custom	用户自己设置

图 2-83 输入框输入内容的类型

2.11.2 InputField 的监听事件

InputFiled 组件的监听区有 2 个：On Value Change (String[8]) 和 On End Edit（String）（图 2-84）。

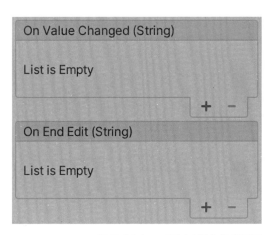

图 2-84 InputField 组件的监听区

当 Text 的 String 值发生变化时，会触发 On Value Change (String) 事件。而当按下 Enter 键，或者输入文字的过程中操作其他 UI 元素时，就会触发 On End Edit（String）事件。

监听功能列表分 Dynamic String（动态 String）和 Static Parameters（静态参数），动态 String 可以与 Text 联动。

新建一个 Text，让它与 InputField 联动——将 Text 拖入 InputField 的 On End Edit（String）里，并选择 Dynamic String 里的 text（图 2-85）。

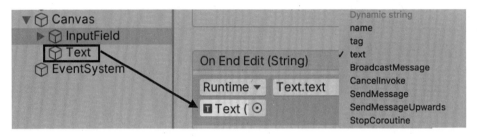

图 2-85 输入框监听区案例

也就是说，当按下 Enter 键，或输入文字的过程中操作其他 UI 元素时，Text 的文字和输入的文字会保持一致，效果如图 2-86 所示。

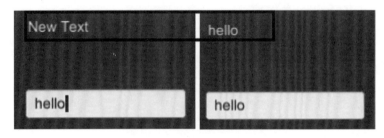

图 2-86 InputField 监听区的案例效果

2.12 补充知识：Mask 组件

在很多时候，需要对 UI 元素的形状进行裁剪，这就需要用到 Mask（遮罩）组件，借此可以用父级 UI 元素形状图对子级 UI 元素进行裁剪。以下为应用遮罩的步骤。

步骤一

创建 Image 并在 Source Image 里选择一张你希望使用的非透明形状图，添加遮罩，在 Image 组件中选择 Add Component—UI—Mask，完成后如图 2-87 所示。

图 2-87 添加 Mask 组件

步骤二

在该 Image（有 Mask 组件）的子级里放置 Image（图 2-88）。

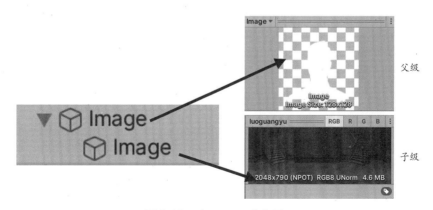

图 2-88 子级 Image 的放置

步骤三

调整位置并设置遮罩。完成前两步后，就可以看到子级 Image 被父级 Image 遮罩后的画面，即在父级形状图中显示子级的画面。可以通过移动子级 Image 来调整位置，并可根据需要设置 Show Mask Graphic 选项，不勾选的话将会保持遮罩功能而不显示父级 Image 本身。图 2-89 为凸显父级 Image，将子级 Image 偏下放置，未与人物的头发（父级 Image 的部分）重叠。

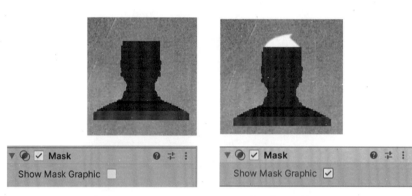

图 2-89　Show Mask Graphic 选项的不同效果

2.13　常见问题

问题 1：Image 在平铺模式（Tiled）下发现如下黄色警告"！"，如何解决？（图 2-90）

图 2-90　平铺模式下出现的黄色警告

回答：黄色警告"！"提示需要改变图像的打包方式，先在 Project 面板里选中该图，并在 Inspector 面板中将 Wrap Mode 中的选项改成 Repeat 即可（图 2-91）。

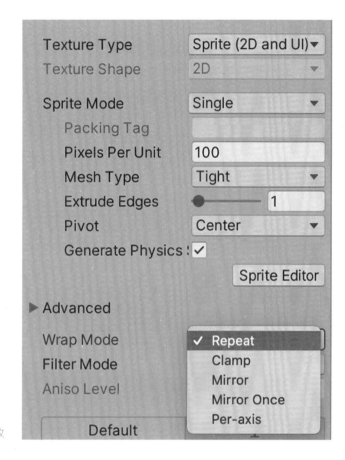

图 2-91 Wrap Mode 的选项修改

问题 2：制作 Button 动画时，当按下 Button 后，动画默认停留在 Highlighted 状态上，如何将它改为停留在默认的 Normal 状态上？

回答：将导航区 Navigation 的选项改成 None（图 2-92）。

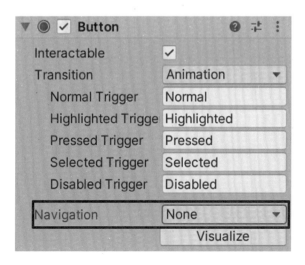

图 2-92 Navigation 处的选项修改

Navigation 是键盘对按钮的选择，它默认 Automatic，也就是点击按钮后，状态会停留在当前的按钮上。这会极大地方便用键盘的上、下、左、右键来进行状态的移动。默认状态下，鼠标指针移开后仍会保持按钮按下的状态，并不能恢复到 Normal 状态，所以需要将 Navigation 的选项改为 None。

注 释:

① Rich Text; 富文本，全称为 Rich Text Format，缩写为 RTF，即多文本格式。这是一种类似 DOC 格式（Word 文档）的文件，有很好的兼容性。

② 类; Class，用户自定义的引用数据类型，该类型的数据具有一定的行为能力。Selectable 类指很多交互控件的基类。

③ Material; 材质球，用来表现物体的材质，比如金属材质、布料材质等。

④ 脚本建议用 Visual Studio 来编写，脚本文件均保存在 Project 面板的文件夹中，以后可从文件夹中将其拖入某个游戏物体的属性面板或层次面板中，作为一个组件来使用。后文中代码的编写和拖入均用此方法，不再赘述。脚本的学习可参见《C #入门经典》。

⑤ 方法; 类的构成包括成员属性和成员方法，所以方法就是类的构成之一，也可以理解为函数，它用于操控类的各项属性。

⑥ 空物体是最简单的 GameObject，它只有一个组件——Transform 或者 Rect Transform。

⑦ Single; 在 C# 中，Single 指单精度浮点类型，等同于 Float。同样是浮点数类型，还有一种是双精度类型——double。两者精度不同，Single 或 Float 是占 4 字节（32 位）内存空间，Double 占 8 个字节（64 位）内存空间，详见 C# 相关书籍。

⑧ String; 字符串，双引号中的几个字符，如 "Unity" "界面系统 UGUI" 等。

第 3 章

UGUI 事件触发器：
Event Trigger 组件

开课前的小贴士：

功能一下子就变得很丰富啦！

超实用主义！

很简单哟！（拖拽并不简单）

本章提要

第 2 章提到了监听区的应用，包括 On Click ()、On Value Changed () 等方法，但是实际做项目时，往往需要更丰富的交互功能，而基础类 UI 元素并没有监听区，比如 Image。

如何把鼠标指针移到一张 Image 上，让它发生图像的变换，同时使一个 Button 悬停呢？基本思路是：必须要"监听"鼠标指针是否进入 Image 的 Rect 范围，从而触发图像变换，同时 Button 从 Normal 状态变成 Highlighted 状态，具体步骤详见 3.2。

因此，光用监听区还是远远不能满足我们的需求，所以 UGUI 给我们准备了事件触发器——Event Trigger（事件触发器）组件。

3.1 Event Trigger 组件的原理

究其原理，Event Trigger 组件是根据射线来触发事件的。可以看到 UI 元素的组件都含有 Raycast Target（是否为射线投射目标）变量，当它处于勾选状态时，鼠标指针只要进入该 UI 元素的 Rect 范围，即进入触发区，便可感知该 UI 元素，并触发事件（图 3-1）。

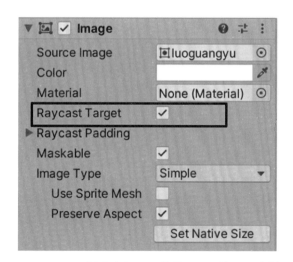

图 3-1 Image 的 Raycast Target 变量

这也就是空物体无法触发事件的原因：空物体身上没有 Raycast Target 变量，无法被射线感知。

3.2 Event Trigger 组件的添加步骤

在 UI 元素的 Inspector 面板里添加 Event Trigger 组件，步骤按顺序如图 3-2 所示。

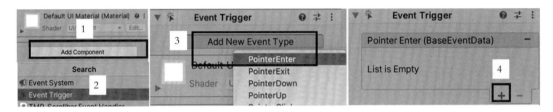

图 3-2 Event Trigger 的添加步骤

通过 Inspector 面板的 Add Component 按钮添加 Event Trigger 组件，添加之后就会出现多种事件类型的选项，选择 PointerEnter（鼠标指针进入触发区），此后就会出现像监听区一样的界面，在此可以添加想要在鼠标指针进入触发区时发生的变化。

例如，给 Image 添加两个事件：PointerEnter（鼠标指针进入触发区）和 PointerExit（鼠标指针离开触发区），然后再分别在这两个事件中加入图像的变化（Image.sprite）以及 Button 悬停的变化（Button.OnSelect / OnDeselect）。如图 3-3，当鼠标指针放在 Image 上时，下面的 Button 就变为选中的状态，同时 Image 换成另一张图像，移开鼠标指针后，两者恢复原状。

图 3-3 案例效果

3.3 Event Trigger 组件的事件种类

Event Trigger 组件的事件种类有 17 种，根据功能可分成四大类：点击类、拖拽类、选择类、系统按键类（图 3-4）。

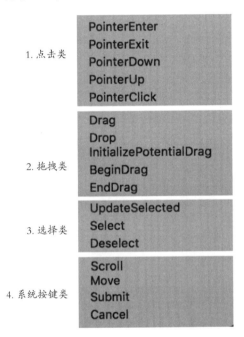

图 3-4 事件种类

3.3.1 点击类事件

点击类事件包括：鼠标指针的 Enter（进入）/Exit（离开）触发区、Down（按下）、Up（抬起）和 Click（点击）。

值得注意的是 Click 这个事件，它其实与 Down 事件、Up 事件是同一组的，鼠标指针进入 A 物体的触发区并按下鼠标键时调用的是 Down 事件，按下鼠标键后抬起时调用的是 Up 事件，而整个过程完成后调用的是 Click 事件，因此从顺序的先后来说是：Down 事件—Up 事件—Click 事件。

3.1.2 拖拽类事件

拖拽类事件都得依托 Drag（拖拽）事件才能执行，如果没有 Drag 事件，那么剩余的 4 个拖拽类事件都不会响应。

5 个事件中比较好理解的是 Begin Drag（开始拖拽）、Drag 和 End Drag（结束拖拽），因为这 3 个动作本身是一组的，一气呵成。而 InitializePotentialDrag 则是：鼠标指针进入 A 物体的触发区并按下鼠标键，但还没开始拖拽时调用的事件。因此，这 4 个事件的先后顺序应是 InitializePotentialDrag—Begin Drag—Drag —End Drag。

Drop（放下）指拖拽后放下 A 物体时调用的事件。还需要注意的是，放下时如果上方有物体遮挡，那么将不触发 Drop 事件。如图 3-5 所示，拖拽 A 物体到 B 物体上，但因为 B 物体层级比 A 物体高，遮挡了 A 物体，所以并没有触发 Drop 事件。

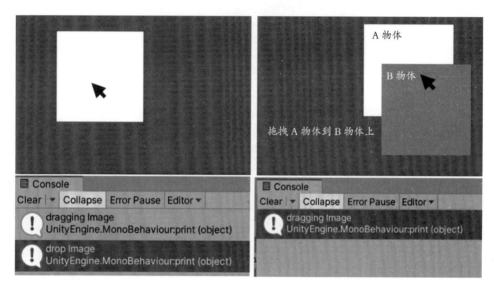

图 3-5 Drop 事件的注意事项

3.3.3 选择类事件

选择类事件包括：Select（选择）、Deselect（不选择）和 UpdateSelected（选中状态的持续调用），是针对物体被点击后所发生的状态。比如：鼠标指针点击了 A 物体，然后触发了 Select 事件，在被选中的这段时间内，它就会一直执行 UpdateSelected 事件，只有当鼠标指针点击其他处时，A 物体才会处于不选中的状态，即调用 Deselect 事件。

需要注意的是，选择类事件是基于 Selectable 类的（图 3-6）。

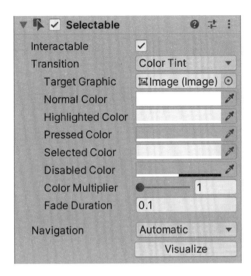

图 3-6 Selectable 组件

如果想要在 Image 上面试图执行选择类事件，会毫无反应，而在 Button 上就会正常执行。那是因为 Button 的 Button 组件类似 Selectable 类，而 Image 则没有相关组件。所以需要给 Image 添加 Selectable 组件，选择类事件才可以执行。（图 3-7）

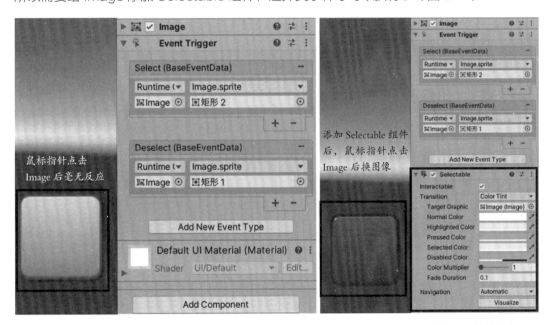

图 3-7 选择类事件的注意事项

3.3.4 系统按键类事件

系统按键类事件共有 4 个：Scroll（鼠标滚轮）、Move（移动）、Submit（确定）和 Cancel（取消），可以通过菜单栏 Edit—Project Settings—Input Manager 找到

相应的按键。（图 3-8）

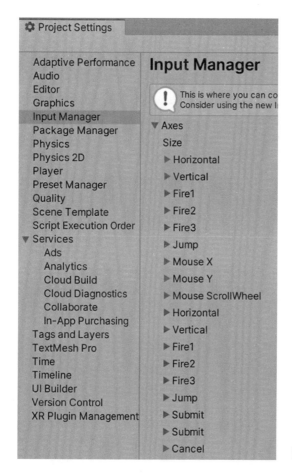

图 3-8 系统按键类事件对应的按键设置

● Scroll 指鼠标滚轮。

● Submit 指确定键，在键盘上是 Enter 键以及空格键。

● Cancel 指取消键，在键盘上是 Esc 健。

● Move 指移动键，在键盘上是表示上、下、左、右方向键以及 WASD 键——在 Input Manager 列表里有 Horizontal（水平）和 Vertical（垂直）之分。在 Input 的输入里，除了键盘还可以查看手柄对应的按键。

在 Image 中添加此类事件时，会发现毫无反应，那是因为系统按键类事件和选择类事件一样，也要依托 Selectable 类的组件才能执行，并且在该 Image 被选择的情况下才能看到系统按键的反应。

3.4 Event Trigger 组件的脚本编辑

除了上面介绍的通过 Inspector 面板中的操作来添加 Event Trigger 组件之外，还有另一种方式实现事件触发，即通过纯脚本来完成。

3.4.1 Event Trigger 组件相应方法的代码

通过添加 UnityEngine.EventSystems 的命名空间，从而获得相应的 Event Trigger 组件的方法。（图 3-9）

OnBeginDrag	Called before a drag is started.
OnCancel	Called by the EventSystem when a Cancel event occurs.
OnDeselect	Called by the EventSystem when a new object is being selected.
OnDrag	Called by the EventSystem every time the pointer is moved during dragging.
OnDrop	Called by the EventSystem when an object accepts a drop.
OnEndDrag	Called by the EventSystem once dragging ends.
OnInitializePotentialDrag	Called by the EventSystem when a drag has been found, but before it is valid to begin the drag.
OnMove	Called by the EventSystem when a Move event occurs.
OnPointerClick	Called by the EventSystem when a Click event occurs.
OnPointerDown	Called by the EventSystem when a PointerDown event occurs.
OnPointerEnter	Called by the EventSystem when the pointer enters the object associated with this EventTrigger.
OnPointerExit	Called by the EventSystem when the pointer exits the object associated with this EventTrigger.
OnPointerUp	Called by the EventSystem when a PointerUp event occurs.
OnScroll	Called by the EventSystem when a Scroll event occurs.
OnSelect	Called by the EventSystem when a Select event occurs.
OnSubmit	Called by the EventSystem when a Submit event occurs.
OnUpdateSelected	Called by the EventSystem when the object associated with this EventTrigger is updated.

图 3-9 Event Trigger 组件的方法列表

如果想要用这些方法，还需要在脚本中 MonoBehaviour 后书写相应 Interfaces（接口[①]）（图 3-10）。

Interfaces
- IBeginDragHandler
- ICancelHandler
- IDeselectHandler
- IDragHandler
- IDropHandler
- IEndDragHandler
- IEventSystemHandler
- IInitializePotentialDragHandler
- IMoveHandler
- IPointerClickHandler
- IPointerDownHandler
- IPointerEnterHandler
- IPointerExitHandler
- IPointerUpHandler
- IScrollHandler
- ISelectHandler
- ISubmitHandler
- IUpdateSelectedHandler

图 3-10 相应的接口

Event Trigger 组件的完整脚本示例如图 3-11 所示：

```
using UnityEngine;
using UnityEngine.EventSystems;          命名空间

public class EventTriggerTest : MonoBehaviour, IPointerEnterHandler     接口
{
    // Start is called before the first frame update
    void Start()
    {

    }
    // Update is called once per frame
    void Update()
    {

    }

    public void OnPointerEnter(PointerEventData data)     对应的方法
    {
        print("begin");
    }
}
```

图 3-11 脚本编辑示例

3.4.2 通过脚本实现拖拽的案例

Tip：难点

拖拽的脚本会需要根据 Canvas 模式的不同而有所区别，因为 Screen Space-Overlay 模式是不受摄像机控制的，而 Screen Space-Camera 模式和 World Space 模式都是和摄像机息息相关的，因此脚本也分成这两种情况。

情况一：Canvas 模式为 Screen Space-Overlay

在了解拖拽脚本之前，首先需要了解拖拽的原理和思路，以及一些代码关键词的含义。

在之前的案例中有出现过 PointerEventData[2]这一事件（图 3-11），它就是鼠标指针在 Event Trigger 组件中的相关数据，而 PointerEventData.Positon 就是当前鼠标指针的位置。

PointerEventData.Positon 属于 Vector2 类型的值，只有 X、Y 两个方向的向量。Input.mousePositon 属于 Vector3 类型的值，Z 为 0。在 Canvas 模式为 Screen Space-Overlay 的情况下，这两个值都表示鼠标指针的当前屏幕坐标，所以在脚本中用关键词 PointerEvenData.positon 或 Input.mousePositon 都是可以的（图 3-12）。

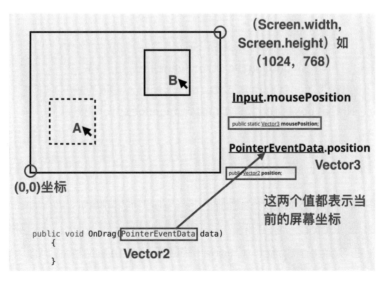

图 3-12 拖拽时需要了解的参数

例如，把 Image 从 A 点拖拽到 B 点，其实就是将 Image 的屏幕坐标由 A 坐标变为 B 坐标，与此时鼠标指针的屏幕坐标相等。而在 Screen Space-Overlay 模式下，Image 的世界坐标和屏幕坐标相同（详见 1.5.4）。因此，如脚本 3-1 所示，在实现拖拽的关键句中，只需要 Image 的世界坐标（rect.position）和鼠标指针的屏幕坐标（data.position）相等，就可以完成拖拽。

◎ 脚本 3-1：

```
using UnityEngine;
using UnityEngine.EventSystems;// 添加命名空间

// 添加 IDragHandler 是为了下面 OnDrag () 方法
public class UGUITest : MonoBehaviour,IDragHandler
{
    private RectTransform rect;
    void Start()
    {
        rect = GetComponent<RectTransform>();
    }


    void Update()
    {

    }
        //Canvas 模式为 Screen Space-Overlay 时的代码
    public void OnDrag(PointerEventData data) {
        rect.position = data.position;// 实现拖拽的关键句
    // 把 data.position 换成 Input.mousePosition 效果相同
    }
}
```

值得注意的是，rect.position 为世界坐标（Vector3 向量），而 data.position 非世界坐标，返回的是 Vector2 类型的值。之所以出现 Vector3=Vector2 这种情况，是因为前文中提到的，在 Screen Space-Overlay 模式下，data.position 可以表示鼠标指针的屏幕坐标（Vector 3 向量），即该 Vector2 添加一个 Z，且 Z 为 0。

而 rect.posititon 不属于 UI 坐标，rect.anchoredPosition 才属于 UI 坐标。也许你要问，那为什么两者不在 UI 坐标系里实现相等，比如用 rect.anchoredPosition=data.position 转换的 UI 坐标，虽然这种情况可以实现拖拽，但是一般不会这么做。原因是通常情况下，两者最后无法在 UI 坐标系里实现相等，因为 UI 坐标是相对坐标，会根据 Anchor 的不同而有所不同。因此，一般会选择在世界坐标或者屏幕坐标里实现相等。

如果要求"拖拽时，拖拽的点必须是鼠标指针与拖拽对象的接触点"，可以再加入一个偏差值。拖拽时希望接触点跟着鼠标指针移动，而不是 UI 物体的中心点跟着鼠标指针移动。但是，UI 物体中心点和接触点之间是有偏差的，因此需要在按下鼠标键时就先消除这个偏差值。可以通过加入一个 OnPointerDown() 方法，得出 UI 物体的屏幕坐标（rect.position 转换成的屏幕坐标）和接触点（data.position）的差值，因为与 data.position 加减的值也必须是 Vector2，因此可以通过在 rect.positon 前面添加"（Vector2）"，使其从 Vector3 转化为 Vector2，隐去其 Z 轴的值。

这里的"m_offset = data.position - (Vector2)rect.position;"和"rect.position=data.position - (Vector2)m_offset;"，都是通过在 Vector3 类型的值前面添加"（Vector2）"这一方法来实现的，如脚本 3-2 所示。

◎ 脚本 3-2：

```
using UnityEngine;
using UnityEngine.EventSystems;

public class UIClick : MonoBehaviour,IDragHandler,IPointerDown
Handler
{
  private Vector3 m_offset;
  private RectTransform  rect;

   void Start()
   {
     rect = GetComponent<RectTransform>();
   }


   void Update()
```

```
        {
        }

        public void OnDrag(PointerEventData data) {
            rect.position = data.position - (Vector2)m_offset;
        }
        public void OnPointerDown(PointerEventData data) {
            m_offset = data.position - (Vector2)rect.position;
        }
    }
```

情况二：Canvas 模式为 Screen Space-Camera/World Space

Screen Space-Camera 模式和 World Space 模式由于都和摄像机有关联，因此会比 Screen Space-Overlay 模式显得复杂一点。首先需要了解世界坐标、屏幕坐标和 UI 坐标，参见 1.5.4 的补充知识（图 3-13）。

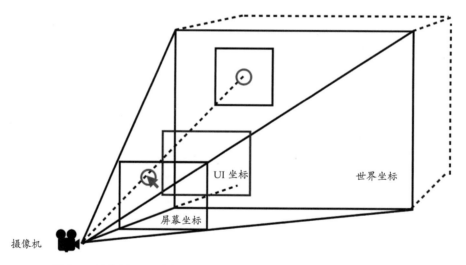

图 3-13 屏幕坐标、UI 坐标和世界坐标

由于涉及摄像机，所以拖拽对象（UI 坐标）就可以通过摄像机，将屏幕坐标、世界坐标进行转换。最佳的方案是将 UI 物体和鼠标指针最后统一到世界坐标中实现相等，原因正是前文中强调的：世界坐标是绝对坐标，而 UI 坐标则是相对坐标，会因为 Anchor 的变化而发生变化。

这里有 4 种方法可以实现拖拽:

（1）通过世界坐标和屏幕坐标之间的转换来实现拖拽。通过 RectTransformUtility. ScreenPointToWorldPointInRectangle 把拖拽对象和当前拖拽位置都统一到世界坐标中。

（2）通过射线获得屏幕坐标和世界坐标之间的转换。通过摄像机到屏幕坐标的射线 ScreenPointToRay, 得到该屏幕的坐标点 ray.GetPoint（Vector3），把拖拽对象和当前拖拽位置都统一到世界坐标中。

（3）通过屏幕坐标和 UI 坐标之间的转换。通过 Rect Transform Utility. Screen PointToLocalPointInRectangle 将屏幕坐标转换成 UI 坐标，但一般不推荐这个做法，因为 UI 坐标是相对坐标。

（4）通过屏幕坐标与世界坐标之间的转换。通过 ScreenToWorldPoint 和 WorldToScreenPoint 来完成坐标之间的转换。同样是屏幕坐标和世界坐标的转换，第一种方法里的 ScreenPointToWorldPointInRectangle 返回的是一个 Bool 值，而 ScreenToWorldPoint 和 WorldToScreenPoint 返回的是一个 Vector3 的值。

本书只介绍第一种方法的具体操作: 通过世界坐标和屏幕坐标之间的转换来实现拖拽，见脚本 3-3。

◎ 脚本 3-3:

```
using UnityEngine;
using UnityEngine.EventSystems;

public class UITest : MonoBehaviour, IDragHandler
{
    private RectTransform rect;
    public Canvas canvas;
    void Start()
    {
      rect = GetComponent<RectTransform>();
    }

    void Update()
```

```
    {
    }

    public void OnDrag(PointerEventData data)
    {
      Vector3 worldP;
      if (RectTransformUtility.ScreenPointToWorldPointInRect
angle(canvas.transform as RectTransform,data.position,canvas.
worldCamera,out worldP))//worldP 输出世界坐标
      {
        rect.position = worldP;// 两个世界坐标相等
      }
    }
  }
```

因为 Canvas 在 Screen Space-Camera/World Space 模式下，屏幕坐标和 UI 物体的世界坐标是不一样的（而 Screen Space-Overlay 模式下两者是重合的），所以通过 ScreenPointToWorldPointInRectangle 获得鼠标指针（data.position）当前位置的世界坐标 worldP，然后通过和 UI 物体的世界坐标实现相等，从而来完成拖拽。

如果要加入偏差值的话，可以参看脚本 3-4：

◎ 脚本 3-4：

```
    using UnityEngine;
    using UnityEngine.EventSystems;

    public class UIClick : MonoBehaviour,IDragHandler,IPointerDown
Handler
    {
      private Vector3 m_offset;
      private RectTransform  rect;
      public Canvas canvas;
      void Start()
      {
        rect = GetComponent<RectTransform>();
      }
```

```
void Update()
{
}

public void OnDrag(PointerEventData data) {
    Vector3 worldP;
    if (RectTransformUtility.ScreenPointToWorldPointInRectang
le(canvas.transform as RectTransform, data.position + (Vector2)m_
offset, canvas.worldCamera, out worldP))
    {
        rect.position = worldP;
    }
}
public void OnPointerDown(PointerEventData data) {
    m_offset = Camera.main.WorldToScreenPoint(rect.position)
- (Vector3)data.position;
    }
}
```

屏幕坐标转换成世界坐标的格式为: public static bool ScreenPointToWorldPointInRectangle(Rect Transform rect, Vector2 screenPoint, Camera cam, out Vector3 worldPoint) 。这里的第一个参数是确定哪个矩形框；第二个参数是需要转换的屏幕坐标；第三个参数是渲染当前 UGUI 的摄像机；第四个参数是传出当前转换得到的世界坐标。

按下鼠标键时，可以把 UI 物体的世界坐标转换成屏幕坐标 Camera.main.WorldToScreenPoint (rect.positon)，从而得出与鼠标指针之间的偏差值 m_offset，然后在将屏幕坐标转换成世界坐标时加入这个偏差值。

3.5 Event Trigger 组件的具体案例

3.5.1 卡片堆和双面选择器的制作

在界面制作的过程中，会经常需要放置大量的资料，并有序地进行归类，常见的做法是做成双面选择器（图3-14）或者卡片堆（图3-15）：把不同栏目的内容组织成几个单独的面板或"卡片"，并把它们垒成一堆，而每次只显示其中的一个栏目。

图 3-14 双面选择器
（图片来源：豆瓣 FM）

图 3-15 卡片堆
（图片来源：网易游戏《哈利·波特——魔法觉醒》界面）

制作思路为：

（1）每次只能选择一个——Toggle（几选一的模式）；

（2）当前所选的 UI 元素外观不同于未被选择的 UI 元素外观（选中和未选中的图像不同）——Toggle 的 2 种状态（选中和未选中）；

（3）每次选择其中一个元素，让相应的 Panel 显现，每个 Panel 里放置不同的内容。

非脚本版操作步骤为：

（1）建立父级空物体，放置 Toggle Group，子级分两类，即 Toggle 类和 Panel 类，并创建多个 Toggle 类子级（图3-16 中创建 3 个）。

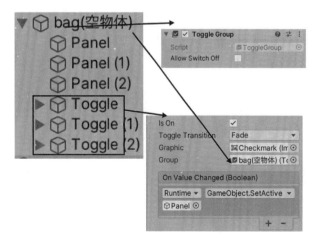

图 3-16 Hierarchy 面板和
Inspector 面板上的设置

（2）设置不同的图像，以区别选中和非选中的状态。

图 3-17 设置选中和非选中的图像

（3）在 Toggle 监听区设置，使不同的 Toggle 对应不同的 Panel，选择用动态参数中的 SetActive。

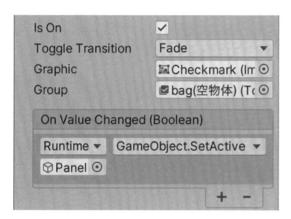

图 3-18 监听区的设置

（4）关掉 2 个 Panel（图 3-19 左），同时不勾选相应的 Toggle 组件中的 Is On，以保持游戏开始时只有 1 个 Toggle 的 Is On 为选中状态。（图 3-19）

图 3-19 保持游戏开始时只有 1 个 Toggle 为选中状态

（5）设置 Event Trigger 组件。创建 Pointer Enter 事件，然后选择自身 Toggle 组件中的 Is On，让鼠标指针每次进入 Toggle 的触发区后，Is On 就能立即勾选，不用点击就可以切换 Panel（图 3-20）。

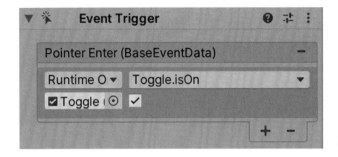

图 3-20 设置 Event Trigger 组件

最终效果如图 3-21，鼠标指针悬停到不同的 Toggle 上就能够切换不同的 Panel。

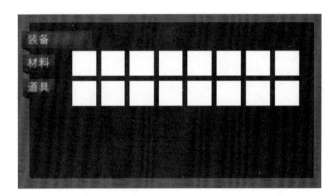

图 3-21 最终效果图

运用脚本也能做到以上的效果，编写脚本 3-5，将其与 Toggle 绑定，然后将游戏物体 Panel 拖入 Toggle 的 Inspector 面板对应变量中。

◎ 脚本 3-5：

```
using UnityEngine;
using UnityEngine.EventSystems;
using UnityEngine.UI;

public class UITest : MonoBehaviour, IPointerEnterHandler
{
    Toggle toggle;
    public GameObject panel;
```

```csharp
void Start()
{
  toggle = GetComponent<Toggle>();
  toggle.onValueChanged.AddListener(MouseEnter);
}

void Update()
{
}

public void MouseEnter(bool value)
{
  panel.SetActive(value);
}
public void OnPointerEnter(PointerEventData data) {
  toggle.isOn = true;
}
}
```

3.5.2 在 Scroll View 中切换图像

浏览网页或者使用手机 APP 的时候，时常会遇到这样的情况：用手指／鼠标滑动来切换图像。如果要做一个不需要脚本的简易版本，其实完全可以通过 Event Trigger 组件来轻松完成。

步骤一：利用 Scroll View 放置多图

新建一个 Scroll View，将 Image 放置在 Content 里，因为是横向滑动，所以不需要垂直滚动条，因此，可以在 Hierarchy 面板里关掉它。如图 3-22 所示，Vertical Scrollbar 需要 None，才能在 Hierarchy 面板里关掉垂直滚动条。

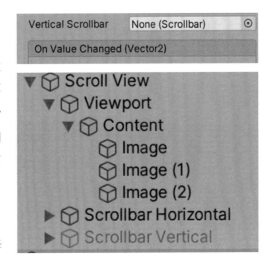

图 3-22 去掉垂直滚动条

步骤二：添加事件

给 Scroll View 添加 Begin Drag 和 End Drag 这 2 个事件。

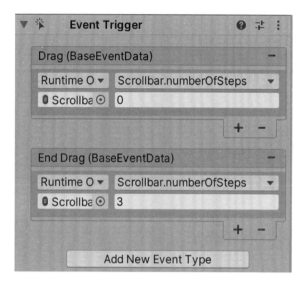

图 3-23 添加事件

在 Begin Drag 事件里，设置 Nmuber Of Steps 的值为 0，以便滑动时能够非常顺滑；在 End Drag 事件里选择 Image 的数量，可以直接填写相应的数字，图 3-23 中的"3"即表示 3 张 Image。

步骤三：修改 Scroll View 的变量

由于不需要在垂直方向进行滚动，因此在 Scroll Rect 组件中使 Vertical 变量处于非勾选状态。

如果滚动时不需要弹性效果的话，那么可以把 Scroll View 的 Movement Type 改成 Clamped。

如果让水平滚动条的图像显示，那么会在原滚动条所在位置留下一块尴尬的区域（图 3-24 中左边黑框部分），可以通过修改数值将其隐藏。

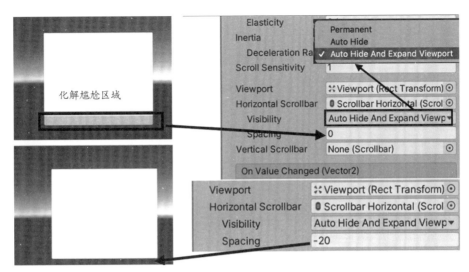

图 3-24 调整 Inspector 面板里的变量

完成以上步骤后，用手指 / 鼠标每滑动一次，只显示一张 Image。

3.5.3　3D 物体在 UI 元素上的旋转

使用鼠标指针拖拽 3D 物体让其旋转处于 UI 元素之上，首先明确制作的思路：

第一，在 UI 元素 Image 上面放置 3D 物体，将 Canvas 设置为 Screen Space-Camera 模式，并新建一个只"看"3D 物体的摄像机；

第二，设置 OnDrag 事件——UI 元素的事件触发器；

第三，在 Image 中进行拖拽，触发拖拽事件，从而让 3D 物体进行旋转。

此外，和 3D 物体旋转有关的关键词有：transform.Rotate（Vector3 eulers, Space relativeTo = Space.world）、Input.GetAxis（"Mouse Y"）、Input.GetAxis（"Mouse X"）。

在明确制作的思路后，再根据思路来分步进行操作。

（1）由于 3D 物体的交互要一直位于 UI 元素之上，所以 Canvas 的模式不可以选择 Screen Space-Overlay，因为这种模式的 UI 元素永远会位于 3D 物体之上，因此应当选择 Screen Space-Camera 模式。

Hierarchy 面板中 Image 和 3D 物体的放置顺序如图 3-25 所示。

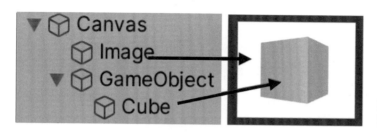

图 3-25 Hierarchy
面板里的设置

值得注意的是，3D 物体应放在一个空物体里作为子级，真正进行旋转的是父级的空物体而非 3D 物体本身，这样的好处是利于以后替换 3D 物体。比如，逐个展示各种家具，都是通过旋转父级显示不同的子级。

当然，有时候会出现 3D 物体穿图的问题，如图 3-26 中的正方体 "穿过" 其背景平面图，即部分被遮挡。

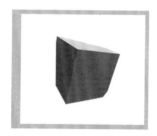

图 3-26 3D 物体穿图的问题

解决 3D 物体穿图问题的方法是：创建一台新的摄像机（Hierarchy 面板单击右键—Camera）只 "看" 3D 物体——可以把所有 3D 物体都设置成专门的 Layer 层，让这台新摄像机只 "看" 该 Layer 层的物体；再将 Camera 组件中的 Clear Flags 设置为 Depth only。这样，新摄像机与场景中默认存在的原摄像机 Main Camera 就完美地融合了（图 3-27）。

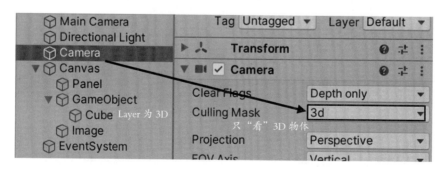

图 3-27 解决方法

操作完后，3D 物体就不会再穿图了（图 3-28）。

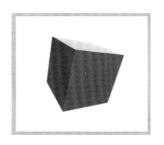

图 3-28 3D 物体不再穿图的效果

（2）将拖拽事件脚本与 Image 绑定，因为是在 Image 中实行拖拽的动作。其实，拖拽事件脚本放在 3D 物体的身上也是可以的，但考虑到此时 3D 物体的身上有 Collider（碰撞器），而随着旋转，3D 物体上的 Collider 也会跟随旋转，这样有时因旋转角度的问题，拖拽会不那么地顺遂（如旋转到一个接触面比较单薄的方向时），而 Image 是平面，只需要在这个平面的范围中实施拖拽行为就可以让物体进行旋转，所以在这里可以利用事件触发器的 OnDrag 事件来实现功能（图 3-29）。

```
using UnityEngine;
using UnityEngine.EventSystems;

public class rotateItem : MonoBehaviour,IDragHandler {

    // Use this for initialization
    void Start () {
    }
    // Update is called once per frame
    void Update () {
    }
    public void OnDrag(PointerEventData data)
    {
        当鼠标指针在 Image 上发生拖拽事件
        的话，就运行 3D 物体旋转的代码

    }
}
```

将该脚本拖入 Image 中

图 3-29 事件触发器脚本注意点

（3）完成用鼠标指针实现拖拽的关键代码。transform.Rotate (Vector3 eulers, SpacerelativeTo = Space.world) 是 3D 物体中常见的旋转代码。如果在 3D 物体身上脚本的 Update() 方法中添加代码 transform.Rotate(new Vector3(1,0,0))，就会发现此时 3D 物体沿 X 轴进行自转，而这个效果恰恰就是我们希望运用鼠标指针从垂直方向移动的效果；如果把 Vector3(1,0,0) 改成 Vector3(0,1,0)，就会发现 3D 物体沿 Y 轴进行自转，这也恰好是我们希望从水平方向移动的效果。

如何将鼠标指针移动的值和物体旋转的 tranform.Rotate 联系起来呢？

Input.GetAxis ("Mouse Y") 和 Input.GetAxis ("Mouse X") 这两个值取值范围均为（-1 ~ 1），返回的是 float 值，将这组关键词与 transform.Rotate 联系起来，如脚本 3-6。

◎ 脚本 3-6：

```
using UnityEngine;
using UnityEngine. EventSystems;
public class rotateItem : MonoBehaviour,IDragHandler {
    public GameObject rotatedItem;
      void Start () {
      }
      void Update () {
      }
    public void OnDrag(PointerEventData data) {
    rotatedItem.transform.Rotate(new Vector3(Input.GetAxis("Mouse
Y"), -Input.GetAxis("Mouse X"), 0) * 6f, Space.World);    } // 当鼠
```
标指针向左右移动时，会与 3D 物体的 Y 轴移动产生联系；鼠标指针向上下移动时，则会与 3D 物体的 X 轴移动产生联系。*6f 的目的是为了使物体旋转的速度更快，也可以乘别的值，或者变成变量来随时进行调节
```
    }
```

最后将父级空物体拖入 Inspector 面板里的脚本中的 Rotated Item 变量中，从而完成整个功能（图 3-30）。

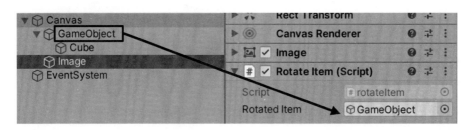

图 3-30 将父级空物体拖入脚本变量中

注 释：

① 接口：指定一组函数成员而不实现成员的引用类型。比如，手机上会有很多天气类的应用，而提供数据的应该是气象局，这些应用获得这些唯一的数据就是通过接口，从而调用气象局数据实现功能。
② 在脚本中，有关 data 的变量（如 data.position）就是属于 PointerEvenData 类型的变量。

第 4 章

自动布局

开课前的小贴士：

想不想提高你的制作效率啊？

很实用哦！

本章提要

布局控制器（Layout Controller）可以控制一个或多个参与布局的元素的位置和尺寸，是多种组件的总称。布局控制器所控制的元素被称为布局元素。

以下自动布局的知识点（图 4-1）可以解决两个问题：一是如何定义布局元素的尺寸和位置；二是如何控制布局元素的组合。

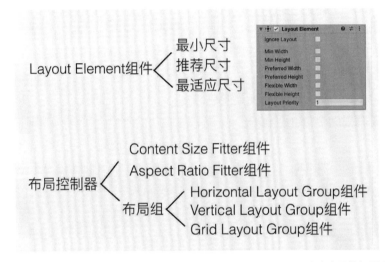

图 4-1 自动布局的知识点

自动布局在界面系统里的功能体现在以上各种组件中。为取得更好的学习效果，在学习自动布局时，应按照"Layout Group—Layout Element 组件—布局控制器的其他两个组件"这一顺序来进行学习。

4.1 Layout Group

Layout Group（布局组）是可以控制多个子级布局元素（通常为 UI 元素）位置和尺寸的布局控制器，放置在父级布局元素上，为该父级布局元素的组件。具体而言，Layout Group 分为 Horizontal Layout Group（水平布局组）组件、Vertical Layout Group（垂直布局组）组件和 Grid Layout Group（网格布局组）组件。

4.1.1 Horizontal Layout Group 组件和 Vertical Layout Group 组件

这两个 Layout Group 指在 UI 元素（父级布局元素）的 Rect Transform 的范围内排列并放置水平布局和垂直布局，可以通过该 UI 元素的 Inspector 面板中的 Add Component—Layout—Horizontal / Vertical Layout Group 来添加组件（图 4-2）。

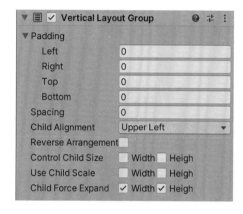

图 4-2 Vertical Layout Group 组件

例如，新建一个空物体（父级布局元素），放置一个 Vertical Layout Group 组件，并在这个空物体的子级里放置 4 张 Image（子级布局元素），调整以下变量并进行观察（图 4-3）。

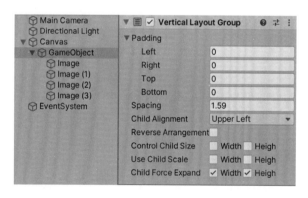

图 4-3 在空物体里放置 Vertical Layout Group 组件

● Padding：设置布局内侧上、下、左、右的边距。

● Child Alignment：设置子级布局元素的对齐位置。

以上两个变量是息息相关的，因为布局内侧的上、下、左、右边距是以子级布局元素对齐位置为基准的（图 4-4）。

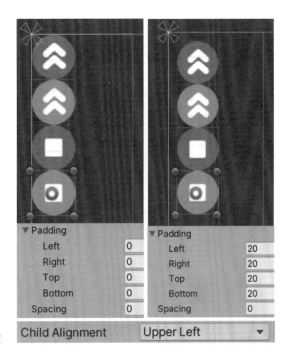

图 4-4 对齐位置

在图 4-4 中，左图布局内侧边距为 0px，右图布局内侧边距为 20px。右图可以看出 UI 元素左方和上方的边距分别为 20px，那是因为对齐位置为 Upper Left（左上方）；如果对齐位置为 Lower Right（右下方），那么就会出现右方和下方的边距分别为 20px；如果对齐位置为 Middle（中间），那么可能上、下、左、右的边距都达不到 20px。

因此，可以得出这样的结论：在子级布局元素对齐位置固定后再去考虑布局内侧边距的数值。

● Spacing：设置子级布局元素之间的间距。

● Reverse Arrangement：Unity 2020 新出的功能，即颠倒子级布局元素的排列顺序。

● Control Child Size：Layout Group 是否控制子级布局元素的宽度和高度。

● Child Force Expand：该变量被勾选后，将会扩大子级布局元素的尺寸以消除布局内的空白，而分配给各个子级布局元素的空白是根据所设置的自适应尺寸来决定的。

Control Child Size 和 Child Force Expand 的作用效果可见图 4-5。

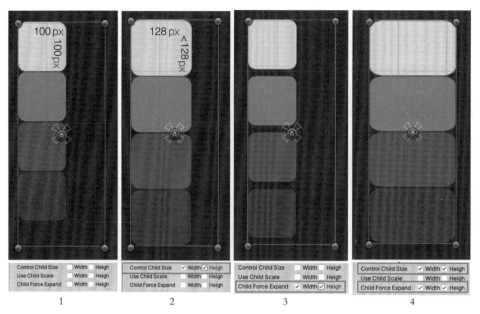

图 4-5 Control Child Size 和 Child Force Expand 案例

从图 4-5 中可以看到，父级布局元素的大小比子级布局元素的总和还要大。

单独勾选 Control Child Size 的宽度和高度时，如果子级布局元素设置了 Layout Element，子级布局元素的大小就会由设置的尺寸来决定；如果子级布局元素没有设置 Layout Element 组件（详见 4.2），子级布局元素将保持源图像的大小。比如，第 2 种情况中，子级布局元素的源图像的大小是 128px×128px 而 Image 的大小是 100px×100px，在勾选 Control Child Size 时子级布局元素没有设置 Layout Element，所以子级布局元素的大小应呈现为 128px×128px 而非 100px×100px。此处子级布局元素的高度之所以没有达到 128px，是因为父级布局元素空物体的高度小于 4 个 128px 的总和。

单独勾选 Child Force Expand 的宽度和高度时（第 3 种情况），子级布局元素的大小并无影响，但子级布局元素的位置会发生变化，子级布局元素平分父级布局元素的高度。为何在宽度上会看不出变化？因为这里是垂直布局组，如果是水平布局组，宽度会被平分，而高度则不会有任何变化。

倘若以上两者都勾选（第 4 种情况），需注意的是 Child Force Expand 和 Control Child Size 一起作用时不受布局组垂直或水平的限制，即子级布局元素既可以改变大小，又可以同时沿垂直和水平方向扩充消除余白，出现满格效果。

● Use Child Scale：使用子级布局元素缩放值，为 Unity 2020 新增功能，子级布局元素的宽高 × 子级布局元素的 Scale 值＝子级布局元素的最终宽高，如图 4-6 所示。

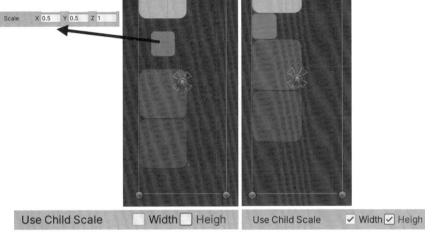

图 4-6 Use Child Scale 的用法

值得注意的是，当 Image 的 Source Image 设置为 None（Sprite）时（图 4-7），有可能会出现 Image 不显示的现象，那是因为此时 Image 的宽度或高度自动被设置成了 0px，如图 4-8 所示。

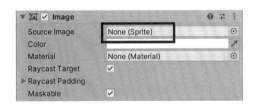

图 4-8 Control Child Size 和
Child Force Expand 常见问题

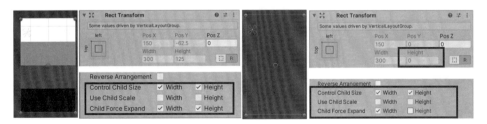

图 4-7 Source Image 设置为 None（Sprite）

当然，Control Child Size 和 Child Force Expand 还会受到子级布局元素的最小尺寸、首选尺寸和自适应尺寸等变量的影响。这将在 Layout Element 组件中讲解，详见 4.2.1。

4.1.2　Grid Layout Group 组件

Grid Layout Group（网格布局组）组件将子级布局元素以方格状的形式进行排列，以控制子级布局元素的大小和位置。比如在制作界面时，经常会碰到图 4-9 的情况，需将多个子级布局元素排列。

图 4-9 界面案例

有时子级布局元素需用非常整齐的方式来排列，但手动操作费时又有所偏差，这时就可以靠 Grid Layout Group 组件轻松地完成。同样，新建一个空物体，通过 Inspector 面板中的 Add Component—Layout—Grid Layout Group 为其添加布局组件，添加多个子级布局元素 Image。Padding（边距）、Spacing（间距）与水平 / 垂直布局组件的变量基本相同，这里重点讲解不同的几个。

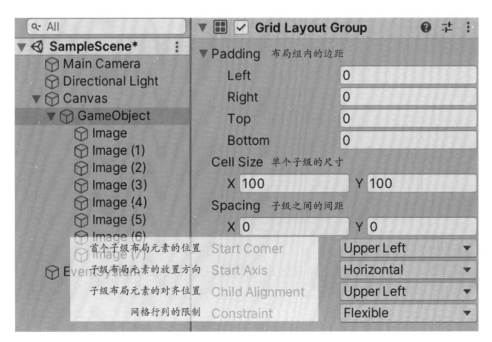

图 4-10 Grid Layout Group 的变量

● Cell Size：设置子级布局元素的尺寸。X 和 Y 分别代表宽和高，Grid Layout Group 组件是可以忽略子级布局元素的最小尺寸、推荐尺寸和自适应尺寸的（详见 4.2），子级布局元素的大小通过 Cell Size 来确定。

● Start Corner：设置第一张 Image 即首个子级布局元素的位置。图 4-11 中，首个子级布局元素的位置分别位于 Upper Left（左上）、Upper Right（右上）、Lower Left（左下）和 Lower Right（右下）。

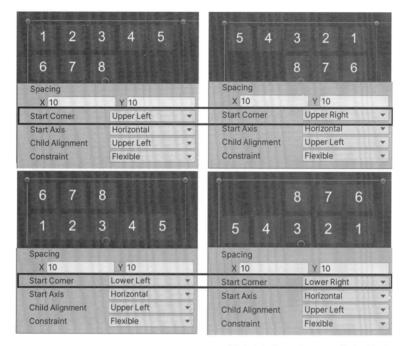

图 4-11 StartCorner 的 4 种设置

● Start Axis：开始方向，可以选择水平或垂直，如图 4-12 所示。与 Start Corner 组合可以改变子级布局元素的布局。

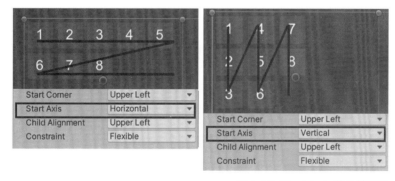

图 4-12 Start Axis 的 2 种设置

● Child Alignment：子级布局元素的对齐模式。图 4-13 分别是 Upper Left（左上）和 Lower Right（右下）对齐模式的范例。

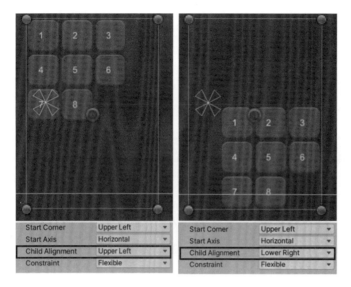

图 4-13 子级布局元素的对齐模式

● Constraint：网格的行数（Row Count）和列数（Column Count）的限制。

可以通过具体的值来限制行 / 列数，默认为 Flexible（无限制）（图 4-14）。

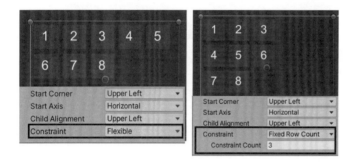

图 4-14 网格行 / 列数限制的设置

4.2 Layout Element 组件

Layout Element（布局元素）组件放置在布局元素中，是该布局元素的组件，分别通过 Min Width/Height（最小尺寸）、Preferred Width/Height（首选尺寸）和 Flexible Width/Height（自适应尺寸）来决定该布局元素的大小。

4.2.1 Layout Element 组件的尺寸变量

UI 元素参与自动布局时，需要再添加 Layout Element 组件，可以通过查看需要参加布局 UI 元素的 Inspector 面板—Add Component—Layout Element 来添加（图 4-15）。

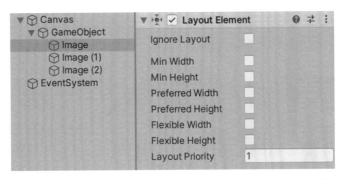

图 4-15 添加 Layout Element 组件

● Min Size（最小尺寸）

分配给布局元素的最小尺寸默认为 0px，如之前将 Control Child Size 和 Child Force Expand 进行搭配时就出现过 Image 不显示的问题，原因就是尺寸设置默认为 0px。

如图 4-16 所示，父级布局元素使用了 Vertical Layout Group 组件，其子级即 3 张尺寸相同的 Image 添加了 Layout Element 组件并勾选最小尺寸，同时输入一定数值，那么同等条件下 Image 不会消失，而是会显示设置的最小尺寸 Image。

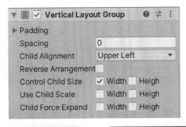

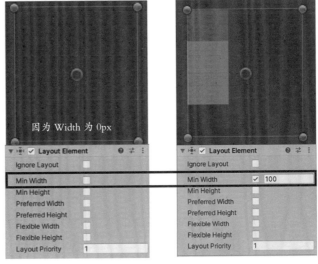

图 4-16 最小尺寸的设置及效果

● Preferred Size（首选尺寸）

当有足够空间时，布局元素的尺寸一般会选择显示首选尺寸。首选尺寸即在满足了最小尺寸后所首选的尺寸（图4-17）。如果首选尺寸小于最小尺寸，那么还是会显示最小尺寸。

如图 4-17 所示，3 张 Image 中，中间 Image 的 Layout Element 组件设置了最小尺寸和首选尺寸，此时这张 Image 就会显示首选尺寸。

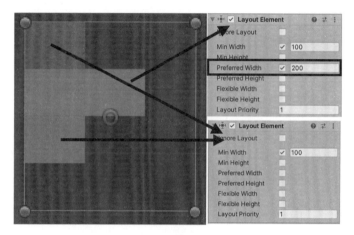

图 4-17 首选尺寸的设置及效果

● Flexible Size（自适应尺寸）

自适应尺寸指该布局元素所占据的布局总余白的尺寸，自适应尺寸的默认值为 1（1 份）。具体而言，如果添加 Layout Element 组件的布局元素有 3 个，平均分配的话，每个布局元素自适应尺寸将为 1（1 份），各只占布局总余白的 1/3。图 4-18 中 3 张 Image 的自适应尺寸各不相同，分别是 1（1 份）、2（2 份）、3（3 份），所占总余白的比例分别为 1/6、2/6、3/6，在最小尺寸和首选尺寸都未选择的情况下，呈现以下效果。

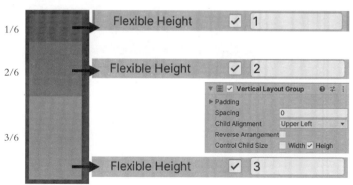

图 4-18 自适应尺寸的设置及效果

4.2.2　Layout Element **组件与布局组的结合使用**

　　Layout Element组件，一般会与Horizontal/Vertical Layout Group（水平/垂直布局组）组件结合使用，并且需要在Layout Group的Control Child Size被勾选的情况下才得以实现。

　　Layout Element 组件并不会在 Grid Layout Group（网格布局组）组件中发挥作用，因为后一组件的 Cell Size 变量会忽略子级布局元素的最小尺寸、首选尺寸和自适应尺寸，而是通过 Cell Size 的 X 和 Y 来调整子级布局元素的宽和高。

　　Layout Element 组件与 Horizontal/Vertical Layout Group 组件结合使用时，会遵循以下规则：

　　（1）首先最小尺寸的宽 / 高会被适配；

　　（3）如果有足够的空间，则首选尺寸的宽 / 高会被适配；

　　（3）如果有剩余的空间，则自适应尺寸的宽 / 高会被适配。

4.3　Content Size Fitter **组件**

　　聊天时，随着聊天内容的增多，这个 Text 也就会逐渐变长；看购物类应用时，随着滚动条往下拉，会出现新加载的物品。这种没有固定长度的 UI 元素就很适合使用 Content Size Fitter（自动扩容 ）组件。

4.3.1　Content Size Fitter **组件的用法**

　　Content Size Fitter 组件是为布局元素设置尺寸限制的布局控制器，放置在布局元素中，是该布局元素的组件，可以固定布局元素的最小尺寸和首选尺寸。可以把它看成是自适应内容大小的布局控制器（图 4-19 ）。

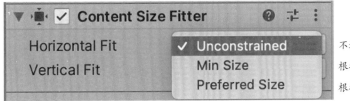

图 4-19 Content Size Fitter 组件

Content Size Fitter 组件在处理 Text 类和 Image 类的 UI 元素上有些许不同。

应用于 Text 类 UI 元素时，可以直接添加 Content Size Fitter 组件。如图 4-20 所示，Text 中的文字只显示了部分，于是给 Text 添加 Content Size Fitter 组件。在 Vertical Fit（垂直适应）中如果选择 Min Size，那么 Text 的高度变为 0px；如果使用 Horizontal Fit（水平适应）的 Min Size，那么 Text 的宽度变为 0px。Vertical Fit 的 Preferred Size 与内容的大小有关，可以随着内容的增多而加长，Horizontal Fit 的 Preferred Size 则会以不换行的方式来展示所有的字符。

图 4-20 自动扩容应用在 Text 上

应用于 Image 类 UI 元素时，可像 Text 类 UI 元素那样直接在该布局元素上添加 Content Size Fitter 组件（图 4-21），也可在其父级布局元素中添加 Content Size Fitter 组件，此时父级布局元素中需有 Layout Group 类组件。

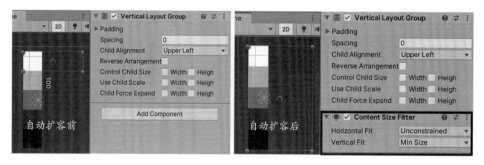

图 4-21 直接自动扩容

也可以根据子级布局元素的最小尺寸或首选尺寸来设置扩容，子级布局元素中需有 Layout Element 组件，见图 4-22。

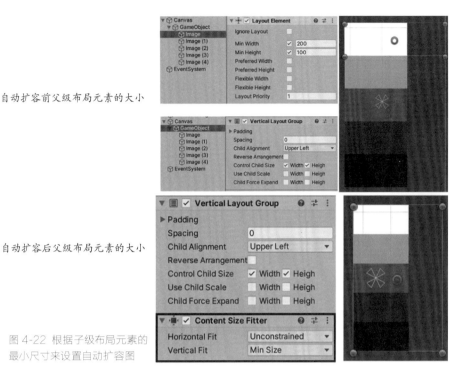

自动扩容前父级布局元素的大小

自动扩容后父级布局元素的大小

图 4-22 根据子级布局元素的
最小尺寸来设置自动扩容图

4.3.2 Content Size Fitter 组件与布局组的结合使用

有时候需要将 Grid Layout Group（网格布局组）组件和 Content Size Fitter（自动扩容）组件两者结合起来使用。比如在背包系统中，运用 Grid Layout Group 组件有序地排列物品，而随着物品越来越多，背包需要有自动扩容的功能。两者的结合经常在下列情况中使用：

（1）当网格的宽度固定时，高度可以扩容。

在 Grid Layout Group 组件的 Constraint 里选择了 Fixed Column Count（固定列数），填写固定数量，如 3 列；在 Content Size Fitter 组件的 Vertical Fit 里，设置了首选尺寸或者最小尺寸。在 Horizontal Fit（水平）里再选择 Unconstrained（不受限）。（图 4-23）

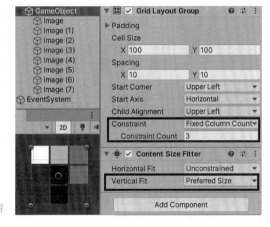

图 4-23 宽度固定而高度可扩容

（2）当网格的高度固定时，宽度可以扩容。

在 Grid Layout Group 组件的 Constraint 里选择了 Fix Row Count（固定行数），填写固定数量，如 2 行；在 Content Size Fitter 组件的 Horizontal Fit 里设置首选尺寸或最小尺寸，Vertical Fit 里再选择 Unconstrained（图 4-24）。

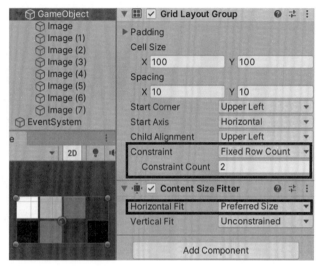

图 4-24 高度固定而宽度可扩容

（3）网格的高度和宽度都可以扩容。

在 Grid Layout Group 组件的 Constraint 里选择 Flexible（无限制），在 Content Size Fitter 组件的 Horizontal Fit 和 Vertical Fit 都设置首选尺寸或者最小尺寸（图 4-25）。

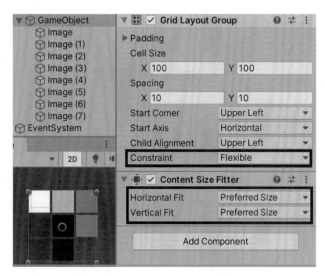

图 4-25 高度、宽度都可扩容

4.4 Aspect Ratio Fitter 组件

Aspect Ratio Fitter（宽高比适应器）组件是可以为布局元素设置宽高比的布局控制器，主要适用于 UI 元素、空物体、Sprite 图片和 3D 物体。在布局元素中放置该组件，可以忽略该元素的最小尺寸和首选尺寸等（图 4-26）。

图 4-26 Aspect Ratio Fitter 组件变量

这几个变量相对简单，可以通过给 Raw Image 添加 Aspect Ratio Fitter 组件来调试这些变量。

● None，指不设置布局元素的任何适配；

● Width Controls Height/Height Controls Width，指基于布局元素的宽度或高度来适配高度或宽度；

● Fit In Parent，指让布局元素的大小维持在其父级内；

● Envelope Parent，指让布局元素的大小覆盖其父级；

● Aspect Ratio，指适配的比例。

固定宽高比在 Image 的 Simple/Filled 模式里都存在，为 Preserve Aspect 变量（图 4-27），其效果与 Aspect Ratio Fitter 组件差不多，两者都可以保持图片的比例。但是 Raw Image 里没有 Preserve Aspect 变量，所以需和 Aspect Ratio Fitter 组件搭配使用。

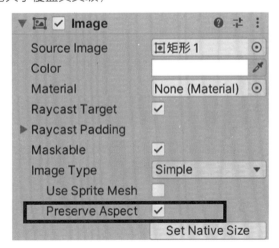

图 4-27 Image 的保持宽高比例的设置

给 Raw Image 设置宽高比的操作为：选中 Raw Image 并查看其 Inspector 面板，添加 Aspect Ratio Fitter 组件，并设置适配的比例。如图 4-28 所示，这张 Raw Image 的宽为 435px，高为 184px。435 除以 184 约等于 2.36，在设置适配比例的变量 Aspect Ratio 中输入 2.36，从而固定 Raw Image 的宽高比。

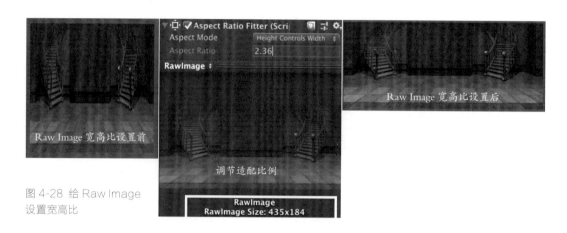

图 4-28 给 Raw Image 设置宽高比

4.5 综合练习

4.5.1 题目

利用自动布局制作一次只能打开一项内容的类似于 Tree View（树形菜单控制）的界面。

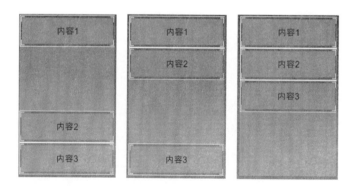

图 4-29 练习的效果示意图

4.5.2 操作思路

（1）一次只能打开一个，所以可以选择使用 Toggle Group 来完成这个功能。

（2）每个内容下面所连接的图像部分（图 4-29 中的空出部分）与 Toggle 的 Is On

联动，每次点击一个 Toggle 的同时就打开其内容下面的图像（图像上还可以放置其他任何 UI 元素）。

（3）让内容下面所连接的图像参与自动布局——Vertical Layout Group 组件。

（4）内容下面所连接的图像可以根据需求来进行增长——Layout Element 组件。

4.5.3 具体步骤

（1）在 Hierarchy 面板中创建一个空物体 GameObject 并放置 Toggle Group，设置 3 个 Toggle，实现多选一。

（2）放入 3 张 Image，放置顺序如图 4-30 所示，并与 Toggle 联动。

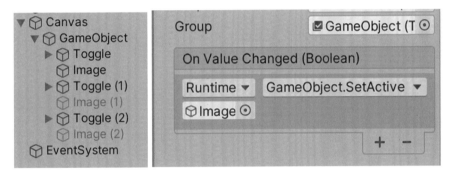

图 4-30 Toggle 和 Image 的放置顺序及 Toggle 监听区的设置

（3）在空物体中添加 Vertical Layout Group 组件，不要勾选后 2 个 Toggle 中的 Is On，以及后 2 张 Image 的 SetActive（Inspector 面板左上角）。此时实现的效果已经类似 Tree View。（图 4-31）

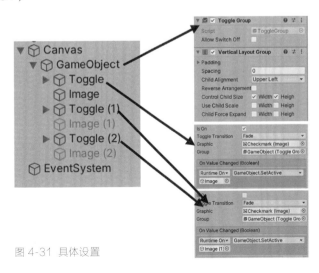

图 4-31 具体设置

（4）在所有的 Toggle 以及 Image 中分别添加 Layout Element 组件。（图 4-32）

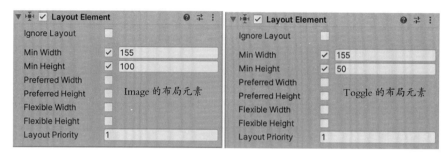

图 4-32 Layout Element 组件的设置

需要注意的是，Vertical Layout Group 组件的 Control Child Size 要被勾选，这样 Layout Element 组件才会起到作用。除此之外，不同的 Image 还可以设置不同的 Height（高度），以适应目标高度（图 4-33）。

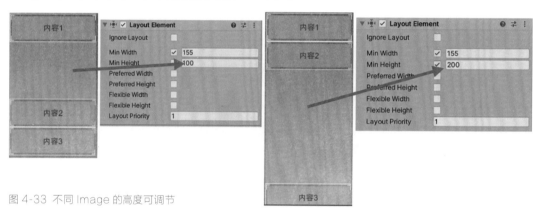

图 4-33 不同 Image 的高度可调节

第 5 章

字体插件：TextMeshPro

开课前的小贴士：

会让你的字体变得更有魅力哟！

本章提要

从 Unity 2018 开始，UI 元素中与文字息息相关的 Text、Button、Dropdown 和 InputFileld 都分别多了 TextMeshPro 的选项（图 5-1）。TextMeshPro 从最初 Unity 资源商店中的插件变成了内置的官方元素，足见创建个性文字的需求不小。

图 5-1 UI 中的 TextMeshPro

Text-TextMeshPro 虽然无法像 Text 那样方便地使用动态字体，因为它首先需要对字体进行预处理，时间耗费较多，但它运用 Signed Distance Field（SDF）[1]渲染技术能够轻松地美化文本，还提供了更高级的控制功能，可以通过 Inspector 面板中的变量和代码来控制文本的效果。

具体而言，TextMeshPro 有以下功能：

（1）字体放大时可保持清晰显示。

在集成 TextMeshPro 以前，用 Text 来做设计时，往往会遇到放大后字体模糊的难题。图 5-2 对比 Text 和 Text-TextMeshPro 在字体放大后的差异。虽然两者都采用了相同的字号，但是 Text-TextMeshPro 的字体在放大后依旧保持矢量的清晰状态，而使用 Text 的字体则明显更加模糊（图 5-2）。

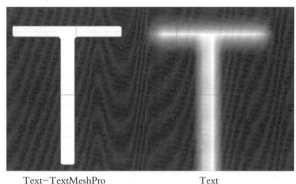

图 5-2 Text-TextMeshPro 和 Text 字体清晰度对比

Text－TextMeshPro   Text

（2）提供轮廓线、阴影和字体，并可在轮廓线上填充图片。

Text 的特效就只有轮廓线和阴影，而且放大后特效也会模糊不清；而 Text-TextMeshPro 的选项则丰富很多，只需在 Inspector 面板里调节轮廓线、阴影、填充图片等，甚至可以设置光线的效果。

（3）布局功能。

可调整行间距、段落间距和文字间距。可在 UGUI 或者 3D 场景中通过面片[②]的形式创建（图 5-3）。

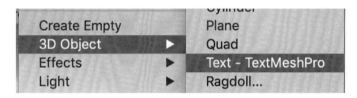

图 5-3 3D 物体中的 TextMeshPro

TextMeshPro 的 Inspector 面板大致分为两大块：字体的基本文字变量和材质变量。

5.1 TextMeshPro 的基本文字变量

5.1.1 TextMeshPro 的常用变量

TextMeshPro 的常用变量如图 5-4 所示。

● Text Input：在此处添加文本，该文本也支持富文本。

● Font Asset：渲染文本中用到的 TextMeshPro 字体资源，可以在 Project 面板里的 Assets 选项中找到。

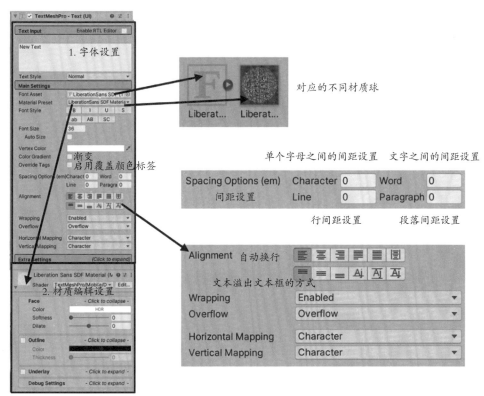

图 5-4 TextMeshPro 的常用变量

● Material Preset：每种字体资源都有一种默认的材质，但也可以创建一种自定义材质，即材质预设，再使用其下拉菜单，快速选择一种材质预设。

● Color Grandient：颜色的渐变功能。开启后，为文本中的每个字符设置不同的颜色，其模式有 Single（单个）、Vertical Grandient（垂直渐变）、Horizontal Grandient（水平渐变）和 Four Corner Grandient（四角渐变）4 种（图 5-5）。

图 5-5 渐变效果

● Override Tags：启用覆盖颜色来标注富文本，会导致所有的文字都使用 Vertex Color（顶点颜色）变量的颜色，而使富文本颜色失效（仅是颜色失效，富文本内容不变），如 <color=red>red text</color> 中的 < > 内的内容虽然不予以显示，但"red text"这个内容还是存在的。

● Wrapping：自动换行功能，Enabled 是自动换行，而 Disabled 则不自动换行。

● Overflow：当文本溢出文本框时，处理方式有 7 种（图 5-6）。

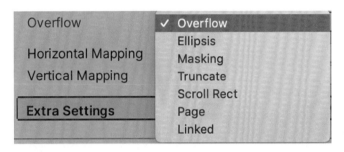

图 5-6 文本溢出文本框后的处理方式

一是 Overflow，即溢出的部分会直接显示。

二是 Ellipsis，即溢出的部分被省略，并会标注省略号。

三是 Masking，遮罩，只对 UI 物体有效，对 3D 物体则无效。

四是 Truncate，截断，即溢出的部分被省略。

虽然 Ellipsis 和 Truncate 都是对溢出部分的省略，但有一定的区别：Ellipsis 用省略号提示后面还有内容，而 Truncate 为直接省略（图 5-7）。

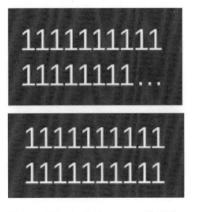

图 5-7 Ellipsis 和 Truncate 的区别

五是 Page，分页显示，即能够使文本在区域里被切分为几个部分，并分页显示，但只在启用 Wrapping 时该选项才会生效。

六是 Scroll Rect，视窗，目的同五，但是效果是以视窗的方式显现。

七是 Linked，链接，即将溢出的部分放入所链接的其他文本里。

如图 5-8 所示，上图中左边 Text-TextMeshPro1 的溢出方式是 Linked，链接图右的 Text-TextMeshPro2。当缩小 Text-TextMeshPro1 的高度以致下面这行数字溢出后无法显示时，数字会出现在 Text-TextMeshPro2 中。

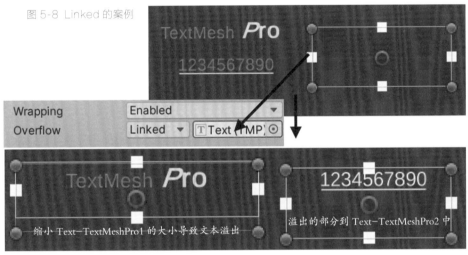

图 5-8 Linked 的案例

● Horizontal Mapping：水平映射，水平方向控制纹理[3]在文本上拉伸的方式。

● Virtical Mapping：垂直映射，垂直方向控制纹理在文本上的拉伸方式。

这两者都需要在完成材质预设的知识点后才能用到，因为它关系到纹理是以字母 / 线性 / 段落为单位的呈现，详见 5.2 中图 5-22。

5.1.2 补充知识：富文本

TextMeshPro 在 Inspector 面板里的 Text Input 是支持富文本编辑的，可实现所写即所得，通过官网可详细查看富文本的所有格式，这里仅选取常见的几项来举例说明。

例 1：Text Alignment 文本对齐

格式：<align= 值 >。

实践：

<align="right">Right
<align="center">Center
<align="left">Left

呈现效果（图 5-9）：

图 5-9 对齐案例的效果对比

例 2：alpha 透明度

格式：<alpha= 值 >。

实践：

<alpha=#FF>FF<alpha=#CC>CC<alpha=#AA>AA<alpha=#88>88
<alpha=#66>66<alpha=#44>44

呈现效果（图 5-10）：

图 5-10 透明度案例的效果对比

例 3：Character Spacing 字符间距

格式：<cspace= 值 >。

实践：

```
<cspace=1em>Spacing</cspace>is just as important as<cspace=-
0.5em>timing
```

呈现效果（图 5-11）：

例 4：Font 字体

格式：<font= 值 >。

实践：

```
would you like <font="Impact SDF">a different font?</font>
or just <font="NotoSans"material="NotoSans Outline">a diffent
material?
```

呈现效果（图 5-12）：

例 5：Indent 缩进量

格式：<indent= 值 >，这些值可以使用像素、百分比和字体单位，如 15%、8eu。

实践：

```
1.<indent=15%> It is useful for things like bullet points.</
indent>
2.<indent=15%>It is handy.
```

呈现效果（图 5-13）：

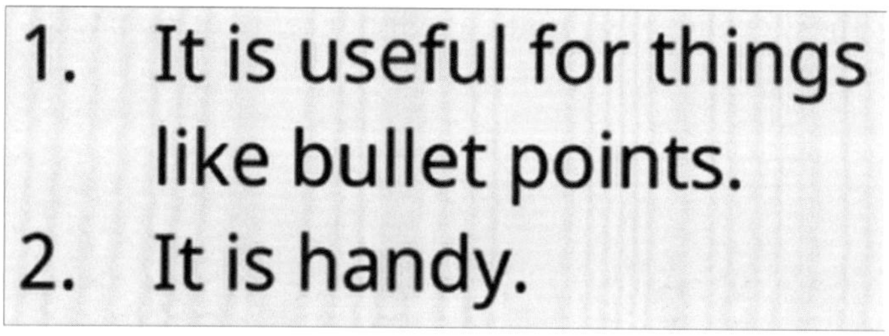

图 5-13 缩进量案例的效果对比

例 6：Line Height 行高标签

格式：<line-height>。

实践：

```
Line height at 100%
< Line-height =50%>Line height at 50%
< Line-height =100%>Line height at 100%
< Line-height =150%>Line height at 150%
Such distance!
```

呈现效果（图 5-14）：

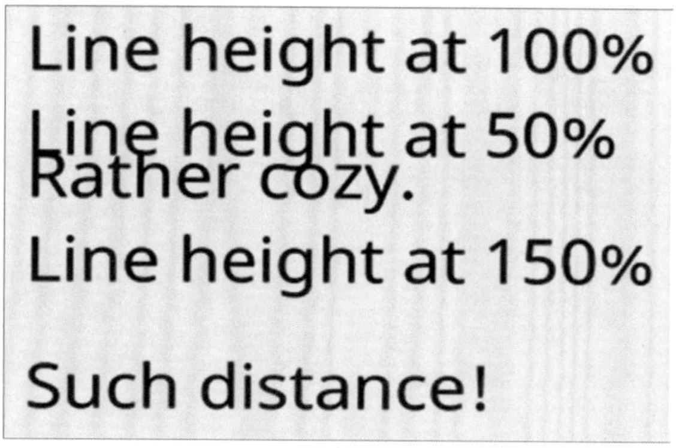

图 5-14 行高案例的效果对比

例 7：Line-Indent 行缩进

格式：<line-indent= 值 >。

实践：

<line-indent=15%>This is the first line of this text example. This is the second line of the same text.

呈现效果（图 5-15）：

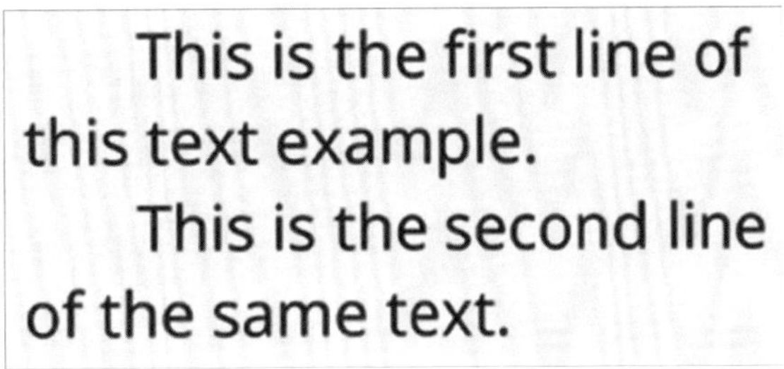

This is the first line of
this text example.
This is the second line
of the same text.

图 5-15 行缩进案例的效果对比

例 8：Text Link 超链接标签

格式：<link="ID">~</link>；

实践：

Mark 标记──格式：<mark= 值 >。以下文本中的"\n"是换行的意思。

Text <mark=#ff00aa>can be marked \n with</mark>an overlay.

呈现效果（图 5-16）：

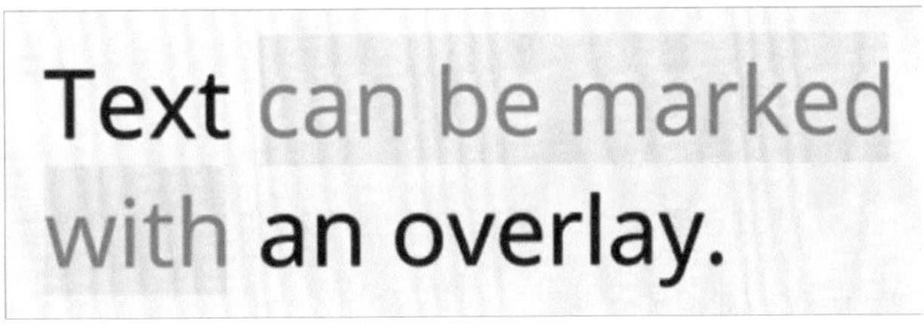

Text can be marked
with an overlay.

图 5-16 标记案例的效果对比

★练习 4：

按照图 5-17 的要求，制作相同的效果。

图 5-17 图片效果

要求：

（1）整体居中，分成两行，要求字体的颜色渐变，需要将所有的文字安置在一个文本框中。

（2）个别字体的大小和颜色有所不同，个别字体还有倾斜及下画线的要求。

（3）分成两行，第二行需要有缩进。

5.2 TextMeshPro 的材质变量

5.2.1 创建材质预设

编辑材质是发挥文本艺术性的重要手段，为了便于在任何时候都能够重复使用自制的字体资源，需要创建一个预设好的材质球，即 TextMeshPro 的材质预设（Material Preset）。材质球的几个大类可称为"食材"，而材质预设可称为"菜肴"。在材质球（原料）上设置不同的变量，最终会呈现出不同的材质预设（菜）。

创建材质预设就像做一道菜，具体步骤如下。

步骤一：定菜名

在 TextMeshPro 的 Inspector 面板 Shader 处单击右键，创建一个新的材质预设（Creat Material Preset）（图 5-18）。

图 5-18 创建材质预设

步骤二：选择食材烹饪

在 Shader 里选择合适的材质球，并在不同的模块里调整好变量（图 5-19）。

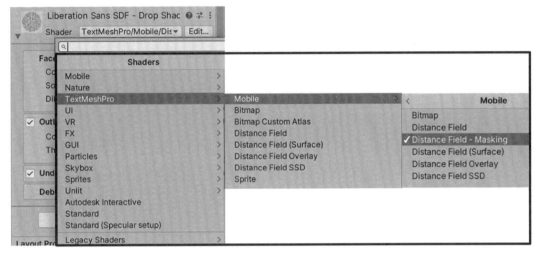

图 5-19 不同的材质球

步骤三：把菜端给指定的人

在 Text-TextMeshPro 的 Inspector 面板里的 Material Preset 中启用新建的材质预设（图 5-20）。

图 5-20 启用新建的材质预设

5.2.2 材质球包含的模块

每一个材质球包含不同的模块，下面以制作一个接受光源的模拟 3D 效果字体为例，来展现不同模块的变量。

如果想要光照效果，首先需要满足以下两个条件：

一是将 Canvas 设置成非 Screen Space-Overlay 模式，而且文本不能是 3D 物体里的 TextMeshPro，这里把 Canvas 调节成 Screen Space-Camera 模式。

二是选择 Surface 材质球。Surface 材质球有相当多的模块，其变量如图 5-21 所示。

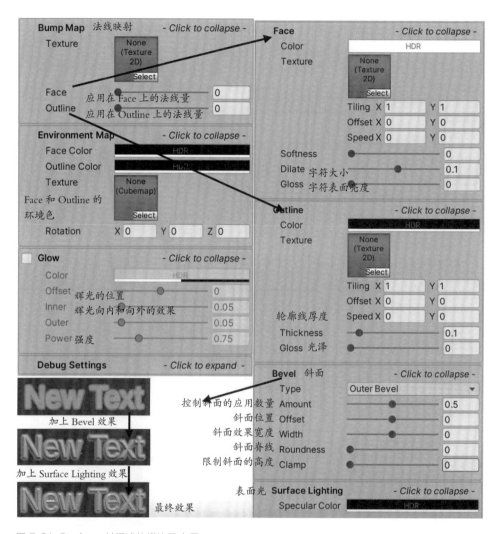

图 5-21 Surface 材质球的模块及变量

● Face（外观）模块：字体的基础设置，包括颜色、贴图[④]和字符的粗细。

材质球中的图片一般称之为贴图，可理解为物体表面的图片，其功能是把纹理通过 UV 坐标映射到 3D 物体表面。贴图的放置是与 TextMeshPro 的 Inspector 面板里的 Horizontal Mapping 和 Vertical Mapping 有着直接的关系：

如果 Mapping 选择的是 Character，那么每个字符都会显示同一张贴图；

如果 Mapping 选择的是 Line，那么整个 Text 只显示这一张贴图，并可以通过 Offset 来移动贴图的位置。

两者的区别见图 5-22。

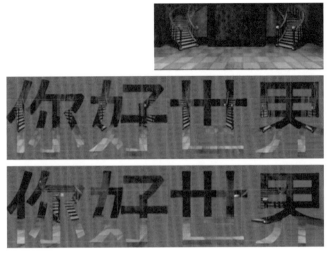

图 5-22 Mapping 设置为 Character 和 Line 时 Text 的区别

● Outline（轮廓线）模块：字体的轮廓线设置，包括轮廓颜色、轮廓图像和轮廓线的粗细。

● Bevel（斜面）模块：可以在 Type 里选择向内或者向外两种斜面类型，模拟三维斜面在二维物体上的视觉外观（图 5-23、图 5-24）。

图 5-23 向内模式

图 5-24 向外模式

● Surface Lighting（表面光）模块：设置表面光，可以用来调整字体颜色。（图 5-25）

图 5-25 Surface Lighting 模块
的效果

● Bump Map（法线映射）模块：法线在 Face 模块和 Outline 模块中的映射。它的值越高，凹凸感越明显。

● Environment Map（环境映射）模块：环境的映射，可以分别设置 Face 模块和 Outline 模块的环境颜色和 Texture（纹理），而 Texture 中只能放置 360 度的立体贴图。

● Glow（辉光）模块：辉光的颜色、位置、向内向外的效果和光效强度。

除了上述 Surface 材质球所带的模块外，以下是其他材质球所拥有的模块，选择不同的材质球，会配置不同的模块。

● Underlay（下层）模块：增加阴影和边框的设置，可以选择颜色、粗细和阴影的位置。（图 5-26）

图 5-26 Underlay 模块的效果

● Lighting（光照）模块：控制斜面、凹凸和外观的环境映射。这个模块为集合了Bevel、Surface Lighting、Bump Map、EnvironmentMap 等模块的组合。其中 Local Lighting（本地光）模块比 Surface Light 模块的选项更丰富（图 5-27）。

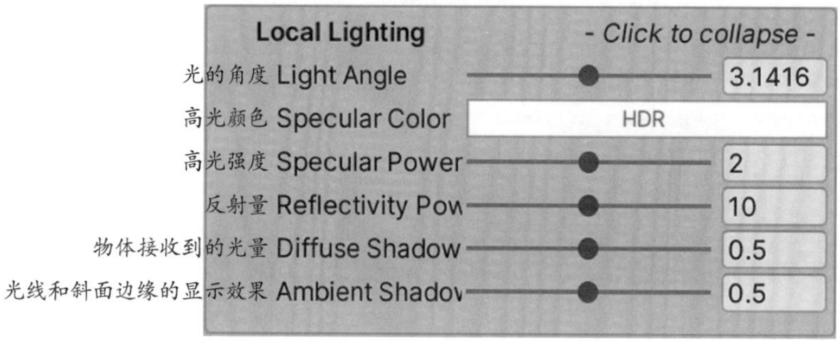

Local Lighting	- Click to collapse -
光的角度 Light Angle	3.1416
高光颜色 Specular Color	HDR
高光强度 Specular Power	2
反射量 Reflectivity Pow	10
物体接收到的光量 Diffuse Shadow	0.5
光线和斜面边缘的显示效果 Ambient Shadow	0.5

图 5-27 Lighting 模块里
Local Lighting 的设置

如果需要在一个文本里使用不同的材质球，比如图 5-28 的效果，那么需要用编辑富文本的方式在 Text Impact 中添加图 5-29 的内容。

图 5-28 不同材质的效果

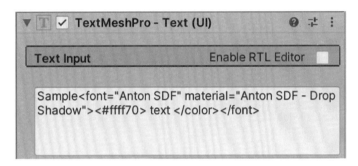

图 5-29 富文本字段

单词"text"用的是 Anton SDF-Drop Shadow 的材质，而"Sample"用的是默认设置的材质，两者不相同。由此可知，想要呈现不同的效果就在富文本中填写相应的材质。当设置不同的材质时，Hierarchy 面板里就会多出一个子级来放置这个材质球（图 5-30）。此处生成的子级就是有关富文本里的 Anton SDF-Drop Shadow 材质的。

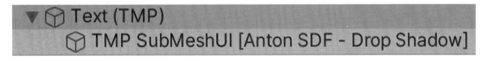

图 5-30 Hierarchy 面板里自动生成的子级

5.3 设置中文 TextMeshPro

TextMeshPro 需要对字体进行预处理来计算 SDF，它会生成一个字体文件或一张贴图，这对于运用英文字体来说影响不大，字体文件或贴图所包含的信息都很有限，但是对于庞大的中文字体来说，就非常耗时、耗资源了。因此在使用中文时无法像 Text 那样随心所欲。不过如果只希望使用个别中文，可以将这几个中文打包生成一张贴图，从而耗费的资源也就变得有限了。具体步骤如下。

步骤一

选择菜单栏 Window—TextMeshPro—FontAssetCreator（图 5-31）。

图 5-31 打开 Font Asset Creator

步骤二

在 Inspector 属性面板中创建字体，可以通过（图 5-32）5 小步来实现。

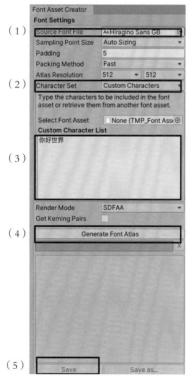

图 5-32 创建字体面板

（1）选择字体。

（2）选择自定义字符，以便能够直接输入对应的字符。

（3）将需要呈现的中文文字输入。

（4）点击并等待进度条完成后生成字体。

（5）保存，弹出保存选项框。

　　完成后就可以在字体 Inspector 面板的 Material Preset 里选择刚才保存的字体资源，并调整材质球变量，得到所需效果（图 5-33）。

图 5-33 中文 TextMeshPro 例子

　　利用 Font Asset Creator（字体创建面板）还可以定义其他字符类型，在 Character Set（字符设置）里设置，包括的类型如图 5-34 所示。

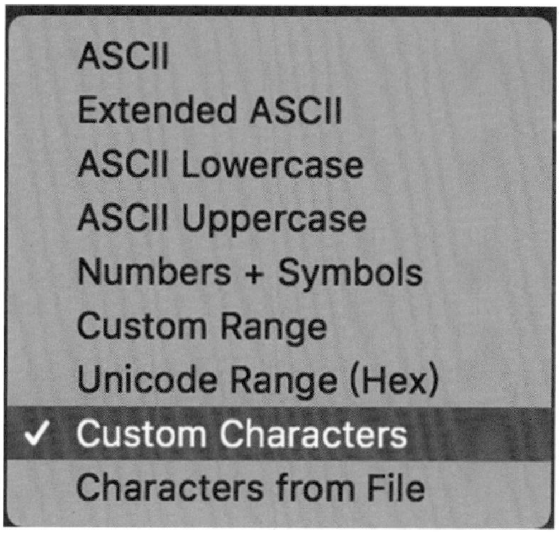

ASCII
Extended ASCII
ASCII Lowercase
ASCII Uppercase
Numbers + Symbols
Custom Range
Unicode Range (Hex)
✓ Custom Characters
Characters from File

图 5-34 Character 里的设置

● ASCII：大小写字母、数字和常见符号。

● Extended ASCII：包含所有的 ASCII 字符。

● ASCII Lowercase：小写字母、数字和常见符号。

● ASCII Uppercase：大写字母、数字和常见符号。

● Numbers + Symbols：数字和常见符号。

● Custom Range：用十进制来制定字符的编码范围，可以使用减号和英文的逗号来指定范围，如 32-126、161-255。

● Unicode Range(Hex)：用 16 进制来制定字符的编码范围，可以使用减号和英文的逗号来指定范围，如 20-7E、A1-FF。

● Custom Characters：自定义字符，可直接输入对应的字符。

● Characters from File：从外部文件中导入的字符。

5.4 动态实现脚本中的文字

如果希望将 TextMeshPro 运用在脚本中，那么就需要在命名空间中添加 TMPro，然后就可以像 UI 元素中的 Text 一样使用。不过从性能的角度来讲，TextMeshPro 比较适合文字不多的情况（图 5-35）。

```
using UnityEngine;
using TMPro;

public class view : MonoBehaviour
{

    public TextMeshProUGUI textM;

    void Start()
    {

        textM.text = "sjd;afja;f1123" + 789;
    }
```

图 5-35 TextMeshPro 的
脚本编辑

5.5 Sprite Asset

有时候需要让图像作为文字的一部分，如常见的表情包。如何让图像出现在 Text 中？这就需要用到 Sprite Asset（图集）的制作，其步骤如下。

步骤一

选择菜单栏 Window—TextMeshPro—Sprite Importer（图 5-36）。

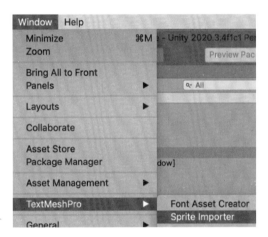

图 5-36 创建 Sprite Importer

以制作一个表情包图集为例。在创建 Sprite Importer 后，首先根据数字排序，在 Sprite Date Source（2D 精灵数据来源）中放置图像信息，在 Sprite Texture Atlas（2D 精灵纹理资源）中放置图像资源。然后，点击 Create Sprite Asset 按钮生成图集。最后，点击 Save Sprite Asset 按钮保存生成出来的图集。（图 5-37）

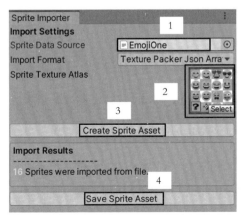

图 5-37 设置 Sprite Importer 面板

保存后图集会生成一组序列，在 Project 面板中点击该图集，可在 Inspector 面板中查看其变量，ID 从 0 开始，如图 5-38 所示。不同的 ID 数分别对应不同的表情包图像，只需在 Text-TextMeshPro 组件 Text Input 中输入需要的 ID 数，即可调用不同的表情包图像。

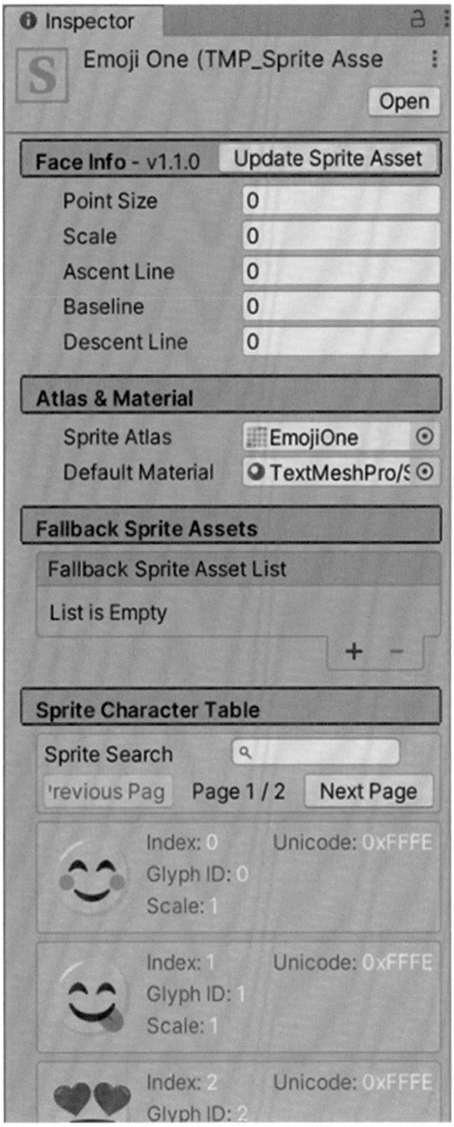

图 5-38 生成的图集序列

步骤二

确保在 TextMeshPro 的图集为刚创建保存的图集。如图 5-39 所示，在 Inspector 面板检查 Sprite Atlas 是不是需要的表情包图集。

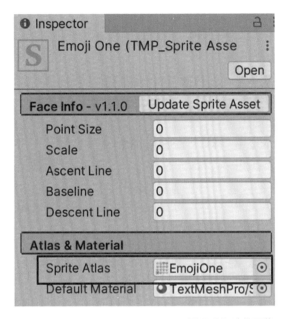

图 5-39 确认图集

步骤三

在 Text Input 中输入 <sprite=ID 值 >，在此处输入相应的值就会调用相应的图片，呈现的效果如图 5-40 所示。

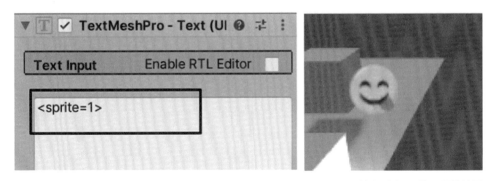

图 5-40 输入对应 ID 值及所得效果

如果希望通过脚本调用图集，实现图 5-40 所示效果，则可参考脚本 5-1。

◎ 脚本 5-1：

```
using TMPro;
public class view : MonoBehaviour {
public TextMeshProUGUI textM;
void Start(){
        textM.text = "<sprite=1 color=#55FF55FF>";
}
```

注 释:

① Signed Distance Field：一种渲染技术，屏幕中每个像素循环比较当前点到最近表面的距离，来确定当前像素是否在同一个区域里。

② 面片：由 Vector3 类型的点组成的面，可为平面或曲面。

③ 纹理：Texture，是最基本的数据输入单位。纹理从字面上讲有光滑度或粗糙度的概念，在计算机图形学中，纹理指的是一张表示物体表面细节（如磨损、污渍）的位图。

④ 贴图：它在脚本中被称为 Map，有映射的意思，其功能就是把纹理通过 UV 坐标映射到 3D 物体表面。贴图包含纹理，除了纹理以外还包含很多信息，如 UV 坐标，贴图输入输出控制等。

第6章

综合练习

开课前的小贴士：

背包系统虽然有点难，但是很有用！

是时候表演真正的技术了！

本章提要

6.1 简易聊天框的制作

6.1.1 制作思路

在制作开始时，首先需要明确制作思路：

（1）在 Game 面板中将文字输入 InputField（输入框），输入的文字可显示在 Text 或 Text-TextMeshPro 中。

（2）在视窗里，显示发送的文字。随着字数的变多，滚动条要有所变化——Scroll View+ 自动布局。

（3）文字发送后，先将输入框清空，再将光标重新开启。

（4）发送的内容需要显示系统时间。

6.1.2 制作步骤

根据以上思路，分别进行如下步骤。

步骤一：设置视窗和文字

在 Hierarchy 面板创建 Text 或 Text-TextMeshPro，以及 Scroll View。本例中为 Text，将它放入 Scroll View 的 Content 的子级，并去掉不必要的水平滚动条（图 6-1）。

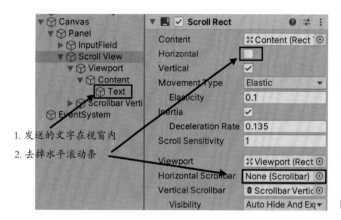

图 6-1 设置视窗和文字

步骤二：通过脚本实现清空、聊天记录、系统时间的功能

编写脚本 6-1，将其与游戏物体绑定。该例中，与脚本绑定的游戏物体为 Scroll View，将脚本 6-1 拖入 Hierarchy 面板或 Inspector 面板的 Scroll View 中。

◎ 脚本 6-1：

```
using UnityEngine;
using UnityEngine.UI;
public class chat : MonoBehaviour {
public Text text;
public InputField inputField;
    void Start() {
                    }
    void Update(){
                    }
    public void ChatOutPut(string newText) {
            inputField.text = string.Empty; // 也可以写成
    inputField.text="";
            var timeNow = System.DateTime.Now;   // 设置系统时间
    text.text += "[<color=yellow>" + timeNow.Hour.ToString() +
":" + timeNow.Minute.ToString() + ":" + timeNow.Second.ToString()
+ "</color>]" + newText + "\n"; // 聊天记录及系统时间调用的实现
    inputField.ActivateInputField(); // 激活光标
    }
}
```

这里需要解释的是：

（1）"+="实现了聊天记录的功能，而"\n"指换行。

（2）在 ChatOutPut() 方法里的参数 string newText，作为返回值与输入框中输入的文字联动，这样使输入的文字可以显示在 Scroll View 的 Content 的子级 Text 中。

（3）光标的激活指的是每次发送后光标需要重新开启。效果如图 6-2 所示，左图是没有重新开启的状态，右图是加了代码后重新开启的状态。

图 6-2 光标的对比

（4）将脚本绑定的游戏物体拖入 InputField 的 Inspector 面板里的监听区 On End Edit 处，并选择 ChatOutPut() 方法，实现联动（图 6-3）。

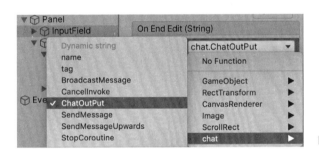

图 6-3 监听区的设置

步骤三：实现自动滚动条的功能

目前还没解决的问题是：Text 框高度的限制。

如图 6-4 所示，Inspector 面板里放置了 3 行字，但是由于 Text 的初始高度只能显示 2 行字，因此会出现最后一行无法显示的问题。

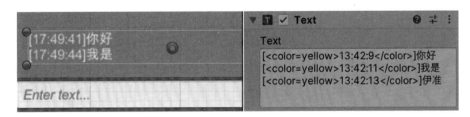

图 6-4 Text 框高度的限制

聊天框需要有能够随着内容的增加而自动增加高度的功能，因此给 Text 添加自动布

局的 Content Size Fitter 组件，并选择在垂直方向上的自动扩容。（图 6-5）

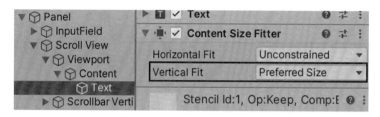

图 6-5 自动布局 Content Size Fitter 组件的设置

同时将 Pivot 调整到合适的位置。如图 6-6 所示，当 Pivot 处于中心时，会出现下面部分的文字无法显示的问题，如果 Pivot 处于底部（左下、中下、右下都可），文字就能全部显示出来。

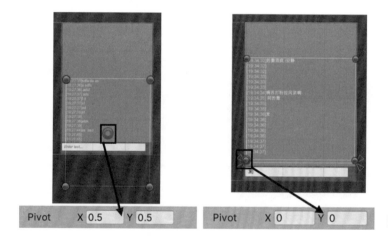

图 6-6 Pivot 调整对比图

最后，将不断扩充的 Text 拖入 Scroll Rect 组件的 Content 变量中，这样 Text 内容的长度就可以与垂直滚动条进行匹配。（图 6-7）

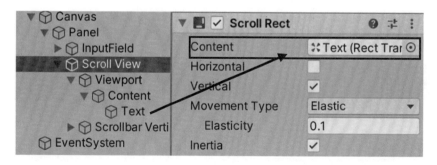

图 6-7 视窗中 Text 的设置

6.2 视频在 Raw Image 中的播放

6.2.1 视频播放系统——Video Player 组件

Unity 5.6 舍弃了原来的视频播放格式 MovieTexture，取而代之的是 Video Clip（图 6-8）。它启用了新的视频播放系统——Video Player 组件，所支持的视频格式有 .mp4、.mov、.webm、.wmv。只要把视频从外部导入 Project 文件夹，就可以在 Inspector 面板中查看它，并可以通过点击播放按钮去预览内容。

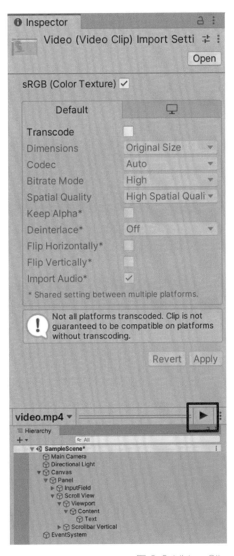

图 6-8 Video Clip

Video Player 可以通过摄像机、3D 物体和 Raw Image 三种载体来播放，本书仅介绍与 UI 元素 Raw Image 有关的渲染方式。

在设置 Video Player 之前，需了解 Video Player 的变量（图 6-9）。

● Source：视频来源，可以是 Video Clip 文件，也可以是网上的视频链接，或者下载好的视频存储路径。

● Video Clip：需要播放的视频。

● Play On Awake：视频是否在开始时就自动播放。

● Wait For First Frame：当勾选 Play On Awake 时，确定在回放之前是否还需要等待一个帧去加载视频来源。

● Loop：视频的内容是否循环。

● Skip On Drop：是否跳过帧以赶上当前的时间。

● Play Back Speed：播放速度。

● Render Mode：渲染模式，用在 UI 元素中就选择 Render Texture。

● Aspect Ratio：屏幕长宽比适应。

● Audio OutputMode：音频输出模式，分为 None（不播放声音）、Audio Source[①]（通过 Audio Source 播放）、Direct（将音频直接发送到音频输出的硬件而绕过 Unity 的音频处理）、API [②]Only（通过 API 输出音频）。

图 6-9 Video Player 的变量

6.2.2 实现视频播放的步骤

步骤一

在 Hierarchy 面板中单击右键新建一个 Video Player。在现实生活中，如果想要播放 DVD 光碟里的影片，必须要备有一台 DVD 播放器，这里我们可以把 Video Player 想象成一台 DVD 播放器，而里面的光碟就是 Video Clip（图 6-10）。

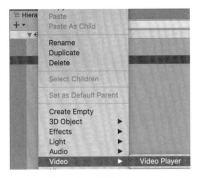

图 6-10　新建 Video Player

步骤二

Render Texture 是 Raw Image 播放视频的渲染模式。先在 Project 面板里创建一个 Render Texture（图 6-11）。

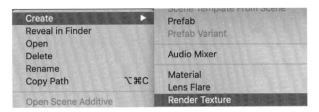

图 6-11　创建一个 Render Texture

然后在 Inspector 面板—Video Player 组件—Render Mode（渲染模式）中选择 Render Texture，最后把刚在 Project 面板里创建的 Render Texture 拖入 Inspector 面板的 Target Texture 中（图 6-12）。

图 6-12 Video Player 组件里 Target Texture 的设置

步骤三

添加 Raw Image，把步骤二中新建的 RenderTexture 拖入 Texture 中（图 6-13）。

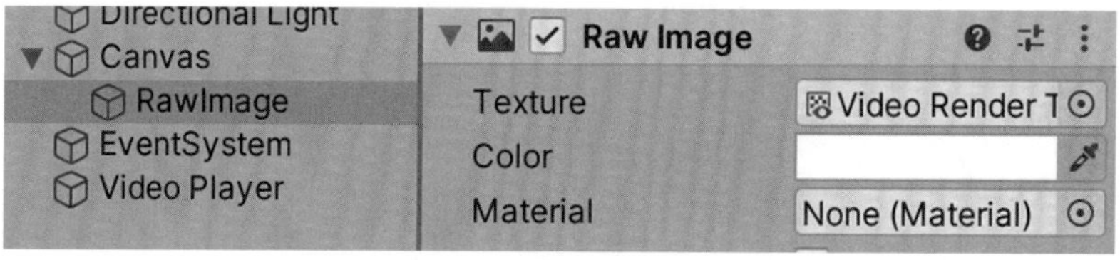

图 6-13 Raw Image 组件中 Texture 的设置

完成以上 3 个步骤之后，视频就会顺利地出现在 Raw Image 里，并可以通过拖拽 Raw Image 来调整视频的大小。

6.2.3 问题、解决思路与巩固练习

问题

完成以上步骤后，仍然还有一些问题需要加以解决：一是视频默认是即刻播放的，需变成按下某个按钮后视频才开始播放；二是要能够调节视频的音量。

解决思路

通过创建 3 个 Button 分别播放不同的视频，并通过滑动条来调节视频的音量，具体

分为以下三小步：

（1）视频一开始就播放是因为 Video Player 组件的 Play On Awake 默认被勾选，如不希望视频自动播放则需要取消勾选该选项。

（2）让视频播放的关键词是 VideoPlayer.Play()，可以通过脚本或者 Button 组件的监听区来调用播放功能。

（3）将滑动条的 Value 值与音量的值联动。

巩固练习

根据以上思路，分步骤完成巩固练习。

（1）取消勾选 Play On Awake，因为需要视频文件在开始时处于不播放的状态；在 Audio Output Mode 中用 Direct 来直接播放音乐；屏幕的宽和高可以根据需要在 Aspect Ratio 中设置（图 6-14）。

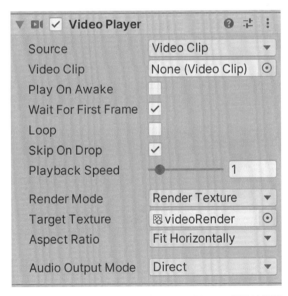

图 6-14 Video Player 组件的设置

（2）创建 3 个 Button 来切换不同的视频文件。3 个 Button 全部都可以设置成如图 6-15 所示，需要从 Project 面板中拖入不同的视频文件 Video Clip 至不同的 Button 的 Inspector 面板监听区。

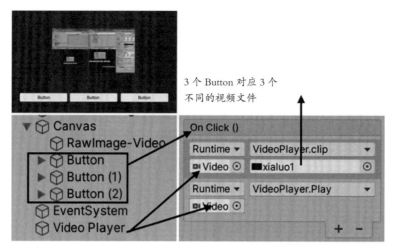

图 6-15 Button 组件监听区的设置

（3）利用滑动条调节视频音量。创建一个 Slider（滑动条），可以使 Slider 的 Value 值和 Video Player 的 Volume 联动，不过 Video Player 组件的 Audio Output Mode 为 Direct 情况下，Volume 变量并未出现在 Slider 组件监听区的动态变量一栏中，如图 6-16 所示，因此只能通过脚本来实现该功能。

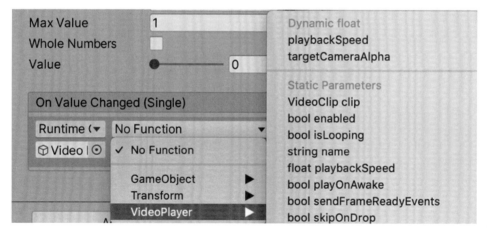

图 6-16 Slider 组件监听区无法找到 Volume 的动态参数

用 Slider 调节音量，如脚本 6-2 所示：

◎ 脚本 6-2：

```
using UnityEngine;
using UnityEngine.UI; // 添加命名空间
```

```
using UnityEngine.Video;// 添加命名空间

public class SetVolume : MonoBehaviour
{
  private Slider myslider;
  public VideoPlayer moviePlay;

    void Start()
    {
        myslider = GetComponent<Slider>();
    }

    void Update()
    {
    }
    public void SliderVolum(float mysliderVolum){

        moviePlay.SetDirectAudioVolume(0, mysliderVolum);
    }
  }
```

完成脚本 6-2 后，将其拖拽到 Slider 身上成为组件，使 Slider 的 Value 值和音量联动（图 6-17），这样就完成了音量的调节。

图 6-17 Slider 的 Value 值和动态参数联动

6.3 对话系统的制作

通常在游戏中，常规对话系统需要的界面元素有：对话框的背景图、头像、文字对话和名字。头像要能够随着对话人物的切换而发生变换（包括不同的表情），与此同时，名字也会有所变化。

图 6-18 对话系统通常包括的界面元素

6.3.1 对话系统的制作思路

（1）设置界面元素。在 Hierarchy 面板创建一个父级 GameObject（背景图），将对话文本、名字和头像做成其子级。

（2）对话文本的制作。如果有大量的对话，就需要使用文本编辑器，如 txt 文件。

（3）要识别换行符。将所有的对话都写进 txt 文件，并且进行分行。通过换行符将对话文本分成多个数组，每次显示一个数组。

（4）要识别头像和名字。在分好的数组中，如遇到相应的字符，要切换成不同的头像和名字。

（5）按回车键进行下一句对话。

6.3.2 对话系统的制作步骤

步骤一：用 UI 元素搭建一个对话系统

如图 6-19 所示，建立背景图、对话文本、名字和头像。chat 这个父级是一个 Panel，用作背景图；dialogue 是一个 Text，用作对话文本；face 是一个 Image，用作头像；name 也是一个 Text，用作人物名字。

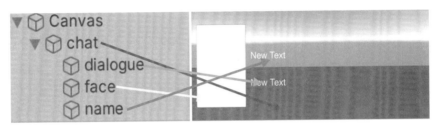

图 6-19 界面元素的布局

步骤二：对话文本的切割及其显示

这一部分是对话系统中最为关键的部分，事先准备好相应的对话，保存成为 TextAsset（Unity 的文本资源）能够识别的文本文件，如 .txt、.html、.htm、.xml、.bytes、.json、.csv、.yaml 和 .fnt 文件。将这个文本文件拖入 Project 文件夹中，它就会被转换为 TextAsset。

需要注意的是，要把文本中不同的人物标注成不同的字母，这样代码识别后能正确切换名字和头像，如图 6-20 中的 A 和 B。同时还需要把每句对话都写在一行上。如果对话很多，超过了背景图所能放置的范围，就得另起一行，在游戏中播放后体现为"下一页"。

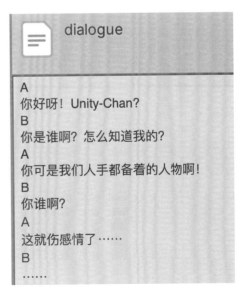

然后分割每一行，让它们分别成为数组中的一员。这里就会用到文本分割的关键词：string.split 以及数组泛型 List？为什么在这里要使用 List？因为它可以扩充成员，不断地把分割好的变量加入该数组中。

图 6-20 事先准备好的对话

string.split 可以将一个字符串分割为子字符串，然后将结果作为字符串的数组返回。关键代码如下：

```
TextAsset textAsset;
…
string[] chatContent = textAsset.text.Split('\n');
```

该代码把文本资源 TextAsset 通过换行符（'\n'）进行了分割，分割后返回一个字符串数组 chatContent 的变量。

将分割好的内容分别添加到之前的 List 中，为免去逐一添加的机械操作，在这里需要将 "dialogueList.Add(eachLine);" 放置到一个 foreach 循环中。为什么去选择 foreach 循环而不是 for 循环呢？那是因为 for 循环要给初始值、末值和增值，而 foreach 循环不需要事先给那么多的值，它可以自动遍历给定集合的所有值。代码如下：

```
List<string> dialogueList = new List<string>();

foreach(var eachLine in chatContent) {
        dialogueList.Add(eachLine);
    }
```

在这里需要把以上代码写进一个方法中，然后在游戏开始时调用它，因此脚本应如脚本 6-3 所示：

◎ 脚本 6-3：

```
using System.Collections.Generic;
using UnityEngine;
using UnityEngine.UI;

public class dialogue : MonoBehaviour {
public Text text;
public Image faceImage;
public Text nameText;
public TextAsset textFile;
List<string> dialogueList = new List<string>();
int n;
    void Start() {
```

```
        GetEachLineContent(textFile);
    }
    void Update() {

    }
    void GetEachLineContent(TextAsset textAsset) {
        dialogueList.Clear();
        n = 0;
        string[] chatContent = textAsset.text.Split('\n');
        foreach(var eachLine in chatContent) {
            dialogueList.Add(eachLine);
        }
    }
}
```

现在可以得到每一行的文字，但同时还需要在每次回车时显示出下一行的文字，因此需要在 Update 里写入以下的代码：

```
void Update(){
if (Input.GetKeyDown(KeyCode.Return)&& n >= dialogueList.
    Count)
    {
            gameObject.SetActive(false);
            n = 0;
    }
if (Input.GetKeyDown(KeyCode.Return)) {
            text.text = dialogueList[n];
            n++;
    }
}
```

值得一提的是，因为脚本是绑定在 chat 这个 Panel 上的，所以 GameObject 所代表的就是这个名为 chat 的 Panel。每点击一下 Button，文字就会到下一行。但是如果一直点的话，这个 n 就会超过数组的范围。因此必须要限定它。当到达了数组最大数量时，则重新开始对话，即 n=0。

步骤三：实现在对话结束后可以再次打开对话面板

每次对话结束后，名为 chat 的 Panel 会关闭，但之后如果再次进行对话就需要重新开启，因为已经关闭的 Panel 是无法自动打开的。因此，需要在别的物体的脚本上加上一行代码以开启 Panel，如可以用简单的碰撞来开启：

```
private void OnTriggerEnter(Collider other)    {
        if (other.gameObject.tag == "GameController")
        {
        other.gameObject.transform.LookAt(transform);
        dialogue.SetActive(true);
        }
    }
```

在该例中，把脚本放在主角的身上。

步骤四：实现利用代码识别头像和名字

在实现这个功能之前，首先得处理游戏开始时没有显示第一行的问题。

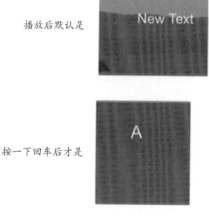

播放后默认是

按一下回车后才是

图 6-21 游戏开始时没有显示第一行

为在游戏开始时显示第一行，需要修改脚本 6-3 的 Start () 方法：

```
void Start()
    {
        GetEachLineContent(textFile);
        text.text = dialogueList[n];
     }
```

然后，制作头像和名字的切换。其原理就是当读取代码至游戏角色 A 时，切换 A 的头像，显示 A 的名字，同时代码跳到下一行。同理，当读取代码至游戏角色 B 时，切换 B 的头像，显示 B 的名字，同样代码也会跳到下一行。我们把相应代码写进脚本 6-3 的一个方法里：

```
void ChangeFace() {
        switch (dialogueList[n])
        {
            case"A":
                faceImage.sprite = face1;
            nameText.text?=?" 名字 1";
                n++;
                break;
            case"B":
                faceImage.sprite = face2;
            nameText.text?=?" 名字 2";
                n++;
                break;
        }
    }
```

在本例中只放了两个头像，其实可以再放入各种其他的头像，包括不同的表情，可用不同的字符来表示，只要多放几个 case 分支就可以了。该方法在按下回车后开始调用（图 6-22）。

```
private void Start()
    {
        GetEachLineContent(textFile);
        ChangeFace();                              调用
        text.text = dialogueList[n];
        n++;                          刚开始就跳到下一句
    }


void Update()
    {
        if (Input.GetKeyDown(KeyCode.Return)&& n ==
dialogueList.Count)
        {
            n = 0;
            gameObject.SetActive(false);
        if (Input.GetKeyDown(KeyCode.Return)) {
            ChangeFace();                          调用
            text.text = dialogueList[n];
            n++;
        }
    }
```

图 6-22 代码的调用

现在，把之前的步骤合并起来，完善 Panel（chat）身上的脚本，形成完整的脚本 6-4：

◎ 脚本 6-4：

```
using System.Collections.Generic;
using UnityEngine;
using UnityEngine.UI;
public class dialogue : MonoBehaviour {
        public Text text;
        public Image faceImage;
        public Text nameText;
        public Sprite face1, face2;
        public TextAsset textFile;
        List<string> dialogueList = new List<string>();
        public int n;
        private void Start() {
                GetEachLineContent(textFile);
                //n = 0;
                ChangeFace();
                text.text = dialogueList[n];
                n++;
        }
         void Update()     {
         if (Input.GetKeyDown(KeyCode.Return)&& n ==
            dialogueList.Count)
        {
            n = 0;
            gameObject.SetActive(false);
        }
        if (Input.GetKeyDown(KeyCode.Return)) {
                ChangeFace();
                text.text = dialogueList[n];
                n++;
        }
     }
    void ChangeFace() {
            switch (dialogueList[n])
```

```
        {
            case"A":
                faceImage.sprite = face1;
                nameText.text = " 名字 1";
                n++;
                break;
            case"B":
                faceImage.sprite = face2;
                nameText.text = " 名字 2";
                n++;
                break;
        }
    }

    void GetEachLineContent(TextAsset textAsset) {
        dialogueList.Clear();
        n = 0;
        string[] chatContent = textAsset.text.Split('\n');
        foreach(var eachLine in chatContent) {
            dialogueList.Add(eachLine);
        }
    }
}
```

6.4 背包系统的制作

6.4.1 单例模式和 ScriptableObject

在学习背包系统的制作之前，首先需要了解两个知识点——单例模式和 ScriptableObject（可编码物体）。

知识点一：单例模式

单例模式可以让一个类在程序运行期间只生成一个实例，并提供一个访问它的全局访问点。简而言之，就是用静态的方法生成一个实例，用来实现场景中组件的数据交换。

使用它有什么好处？先回顾一下常会碰到的情景：游戏中会有很多的音乐（包括音效），而触发的时机可能不是在同一个脚本里的，它可能绑定在主角的身上，有些则是在道具的身上，抑或在 UI 界面上。

如果希望物体带有音乐，一定不能忘记添加 Audio Source 组件，而当代码逐渐变多时容易忘记添加 Audio Source 组件，或需花很多时间去寻找音乐所在的代码。因此，不妨把所有的音乐都放置到一个脚本里。这个脚本能够在 Inspector 面板里去拖拽所有的音乐，只需要在该脚本中放置一个 Audio Source 组件即可。这个常见的例子与单例模式有什么关系呢？可以设想把所有的音乐文件全都放置在一个脚本里，如脚本 6-5：

◎ 脚本 6-5：

```
using UnityEngine;

public class AudioManager : MonoBehaviour
{
    AudioSource audioS;
    public AudioClip music1;
    public AudioClip music2;
    public AudioClip music3;

    private void Start()
    {
      audioS = GetComponent<AudioSource>();
    }
    public void PlayMusic(AudioClip music) {
      audioS.PlayOneShot(music);
    }
}
```

通过这样的脚本，就可以把所有的音乐都集中在一起。同时，这个脚本中还可以添加播放的方法，即 PlayMusic() 方法，当别的脚本需要用到音乐时，也可以直接调用这个方法。

至于具体如何去调用，这就需要用到单例知识点。在这里可以把以上脚本看作一个通用的音乐播放器，里面放置着所有的音乐及播放的方法。如果别的脚本需要用到音乐，就把这个播放器拿过去，挑选出一个需要的音乐并进行播放，从而将通用音乐播放器变成一个"特定"音乐播放器。这就是所谓的实例化——把通用的音乐播放器变成特定的音乐播放器。

那么又如何实例化呢？其实非常方便，把脚本 6-5 改成脚本 6-6：

◎ 脚本 6-6：

```
using UnityEngine;

public class AudioManager : MonoBehaviour
{
    // 定义一个静态变量来保存类的实例
    public static AudioManager instance;
        AudioSource audioS;
    public AudioClip music1;
    public AudioClip music2;
    public AudioClip music3;

        private void Awake()
    {
        instance = this;
    }

    private void Start()
    {
        audioS = GetComponent<AudioSource>();
    }
        // 定义公有方法，提供一个全局访问点
    public void PlayMusic(AudioClip music) {
        audioS.PlayOneShot(music);
    }
}
```

然后我们在别的名为 musicPlay 的脚本（脚本 6-7）里调用这个实例：

◎ 脚本 6-7：

```
using UnityEngine;

public class musicPlay : MonoBehaviour
{
    public void PlayMyMusic(){
    AudioManager.instance.PlayMusic(AudioManager.instance.
music1);
    }
}
```

如图 6-23，当输入 instance 时代码提示——不仅能够访问到实例的变量 music1，也可以访问到 PlayMusic() 方法。

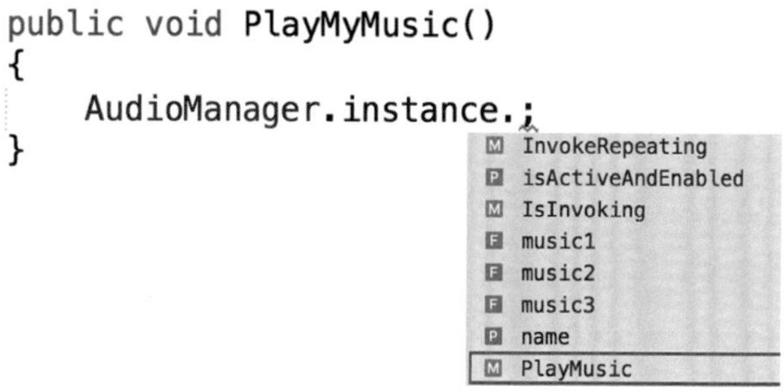

图 6-23 可以调用的变量和方法

知识点二：ScriptableObject

ScriptableObject（可编码物体）可以把数据真正地储存在资源文件中。通常，在播放游戏后，变量会产生变化（如子弹数从 0 变成 10），而关闭游戏后，变量就会重新变回播放前的值（如子弹数重新变成 0）。那么，怎样才能把值保持在关闭前的状态（比如子弹数值是 10）？这就可以通过 ScriptableObject 来解决。

回顾一下，当修改材质球或者 Prefab（预制体）的参数后，如果再次打开引擎或者重新启动游戏，都会保持最后的参数。ScriptableObject 其实与材质球或者预制体是一样的，可以像管理其他资源那样管理它。这时你可能会疑惑：那为什么不直接使用预制体呢？因为预制体通常需要带有一些组件（如 Transform），而 ScriptableObject 只保存数据，可以不带任何组件。

具体而言，ScriptableObject 的优点有：

（1）ScriptableObject 的数据是储存在 Assets 里的，因此数据不会在退出时被重置，如材质和纹理资源的数据。

（2）ScriptableObject 资源在实例化时，是被引用而非被复制——只有唯一的实例。

（3）类似于其他资源，ScriptableObject 可以被任何场景所引用，便于场景间和项目间的共享。

（4）ScriptableObject 除数据外，可以不附带任何东西，如组件。

ScriptableObject 的使用方法也非常简单，只需要把平时的继承[③]从 Mono Behaviour 改成 ScriptableObject 即可。如脚本 6-7 所示：

◎ 脚本 6-7：

```
using System.Collections;
using System.Collections.Generic;
using UnityEngine;

class MyScriptableObject : ScriptableObject {
    public string propsName;
    public Sprite propsPic;
    public string propsInfo;
}
```

在 Assets 里可以查看材质球，如何能像查看材质球一样查看 ScriptableObject 里的数据，即在制作的后期能够在 Project 面板里查看这些数据？这就必须通过运用菜单的创建来实现，如脚本 6-8 所示：

◎ 脚本 6-8：

```
using System.Collections;
using System.Collections.Generic;
using UnityEngine;
[CreateAssetMenu(fileName ="New Item",menuName ="Props/New
```

```
Item")]
    public class Items : ScriptableObject
    {
        public string propsName;
        public Sprite propsPic;
        public string propsInfo;
    }
```

完成脚本 6-8 后，保存至 Project 面板的文件夹中，就可以在 Assets 里添加菜单以及相关的数据文件了（图 6-24）。

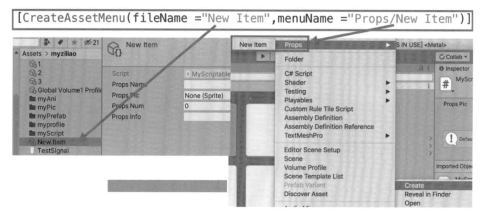

图 6-24 ScriptableObject 在菜单中的显示

6.4.2 背包系统的制作步骤

复杂的背包系统制作可分成以下几个步骤来进行。

步骤一：理清思路，制作思维导图

在着手制作前，就要先行构思好，如图 6-25 用 ProcessOn 在线制作的背包系统思维导图，使思路更加清晰。这一类的软件众多，且制作周期快。本次以较复杂背包为例。

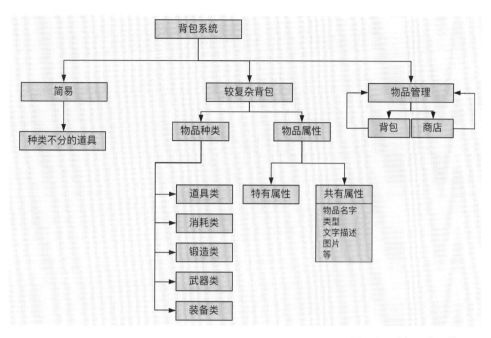

图 6-25 背包系统思维导图

步骤二：制作背包的 UI 元素

在 Hierarchy 面板创建空物体 bag，创建其子级 Image、Toggle、Grid、Text_ 文字描述。黑框区域的 Grid 是空物体，带有自动布局组件，可以让背包物品整齐地罗列出来，它的位置正好对准白框 Image 的格子图。Toggle 是用以关闭这个背包面板的。此外，当游戏开始后点击不同的道具时，文字描述也就会发生相应变化。（图 6-26）

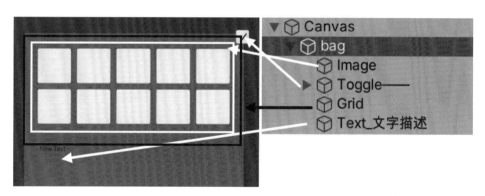

图 6-26 背包 UI 元素的制作

步骤三：制作背包和道具的 ScriptableObject

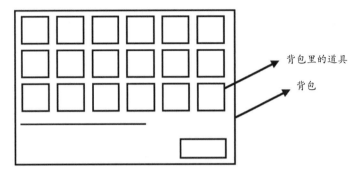

图 6-27 背包的大致样式

背包分不同的类型，比如商店就是一种背包。在一个背包里也有很多不同种类的道具，每种道具需要设置成一个 Item。因此我们必须用两个 ScriptableObject 来分别表示背包和道具[④]。

脚本 6-9 用 ScriptableObject 表示 Bag（背包），其主要目的是记录 Bag 里到底放置了哪些 Item，因此 Bag 脚本中只需要放置一个数组。

◎ 脚本 6-9：

```
using System.Collections.Generic;
using UnityEngine;
[CreateAssetMenu(fileName = "New Bag", menuName = "Props/New
Bag")]
public class Bag : ScriptableObject
{
    public List<Items> itemList = new List<Items>();
}
```

脚本 6-10 用 ScriptableObject 表示 Item，其功能是记录各种数据：名字、图片和文字描述等。

◎ 脚本 6-10：

```
using UnityEngine;
[CreateAssetMenu(fileName ="New Item",menuName ="Props/New
```

```
Item")]
    public class Items : ScriptableObject
    {
        public string propsName;
        public Sprite propsPic;
        public string propsInfo;
    }
```

步骤四：具体化背包及道具的 ScriptableObject

完成 ScriptableObject 的脚本编写后，在 Project 面板里，点击 Create—Props—New Bag，创建背包，此时在 Inspector 面板中其默认变量为空。在 Project 面板里再点击 Create—Props—New Item 来创建道具，如图 6-28 的消耗品和装备，此时在 Inspector 面板中必须分别填写道具的不同变量，如名字、图像和文字描述等。

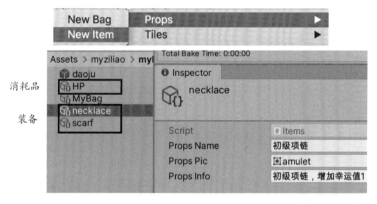

图 6-28 制作背包及道具

步骤五：制作道具 Button

步骤四在 Project 面板中完成了道具的 ScriptableObject。接下来需在 Hierarchy 面板中制作道具（以项链 necklace 为例）。游戏开始后，用户点击该道具，背包的 ScriptableObject 中 Item 增多。

首先把游戏场景中的道具即背包外道具做成 UI 元素 Button（图 6-29 中的项链）。然后完成 ToBag（脚本 6-11），将该脚本绑定在道具 Button 身上，最后，可调用 ItemToBag () 方法。

◎ 脚本 6-11:

```
using UnityEngine;
public class toBag : MonoBehaviour
{
    public Items thisitem;
    public Bag bag;

    public void ItemToBag() {
      if (!bag.itemList.Contains(thisitem)) {
          bag.itemList.Add(thisitem);
        }
gameObject.SetActive(false);//Game 面板中的道具 Button 被点击后消失
      }
    }
```

在 Game 面板点击道具 Button 后，道具 Button 消失，背包的 ScriptableObject 中 Item 增加（图 6-29）。

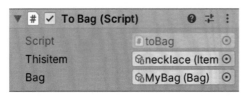
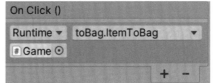

点击道具 Button，增加 Item

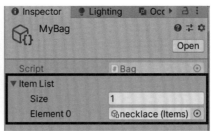

图 6-29 点击道具 Button 后的效果

步骤六：制作 Prefab（预制体）

完成前 5 个步骤之后，虽然能够在背包 ScriptableObject 中看出增加了 Item，但在 Game 面板里，还没有看到道具 Button "进入" 背包。

实现以上视觉效果的思路为：在 Game 面板，点击道具 Button，背包外的道具 Button 会消失，背包内显现一个"相同"的道具。背包内生成的新道具实际上是道具 Prefab，在 Hierarchy 面板中应为 Grid 的子级，能够接收道具 Button 对应的 Item 数据并显现出来。

在生成道具 Prefab 之前，先要制作一个 Prefab，具体过程如下：

（1）在 Project 面板中单击右键，创建 Prefab，此时内容为空。

（2）在 Hierarchy 面板中创建 UI 元素 Button，之所以把 Prefab 做成 Button，是因为后期需要点击它时出现文字介绍。然后在 Source Image 中选择项链的源图像。

（3）将 Hierarchy 面板中的 UI 元素 Button 拖入 Project 面板的 Prefab 中，这样，Prefab 不再为空。

（4）删除 Hierarchy 面板中的 UI 元素 Button，以便下一步骤在背包中生成道具 Prefab。

此外，为了让 Prefab 具有获取 Item 数据的功能，需要给 Project 面板中的 Prefab 添加脚本 6-12。

◎ 脚本 6-12：

```
using UnityEngine;
using UnityEngine.UI;

public class gridPrefabData : MonoBehaviour
{
    public Items GridItem;// 获取不同道具的数据
    public Image GridPic;
    public Text Iteminformation;
}
```

完成后，不要忘记将 Project 面板中的 Prefab 拖入其 Inspector 面板中的变量 Grid Pic 里，Grid Item 这个变量先空着，如图 6-31 所示。

图 6-31 拖拽相应的变量

步骤七：生成道具 Prefab

在 Project 面板创建脚本 BagManage（脚本 6-13），将该脚本做成单例模式。单例模式使得在脚本 6-14 中可调用脚本 6-13 的 CreateGridItem() 方法，从而在 Hierarchy 面板 Grid 子级中生成相应的道具 Prefab；在脚本 6-15 中可调用脚本 6-13 的 Introduce() 方法，从而点击道具 Prefab 时显示文字信息。

◎ 脚本 6-13：

```
using UnityEngine;
using UnityEngine.UI;

public class BagManage : MonoBehaviour
{
    static BagManage Instance;
    public gridPrefabData GridItemPrefab;
    public Bag mybag;
    public GameObject Grid;
    public Text Itemintroduce;

    private void Awake()
    {
        if (Instance != null) {
            Destroy(this);
        }
        Instance = this;
    }
    public static void Introduce(string introduce) {
      Instance.Itemintroduce.text = introduce;
    }// 在 Prefab 身上的脚本里调用这个方法。
```

```
public static void CreateGridItem(Items item) {
    gridPrefabData newGridItem = Instantiate(Instance.
GridItemPrefab, Instance.Grid.transform.position, Quaternion.
identity);// 生成道具 Prefab
    newGridItem.gameObject.transform.SetParent(Instance.Grid.
transform);// 道具 Prefab 自动放置在有自动布局的游戏物体上
    newGridItem.GridItem = item;// 道具 Prefab 获取数据
    newGridItem.GridPic.sprite = item.propsPic;// 获取图片
    }
}
```

这里还需要明确 Inspector 面板里的设置，脚本 6-13 必须放在不会被销毁的游戏物体上，如 Canvas，成为其脚本，此后具体拖拽如图 6-32 所示。

图 6-32 脚本的变量设置

修 改 道 具 Button 绑 定 的 ToBag 脚本，见脚本 6-14。这样才能调用脚本 6-13 的 CreateGridItem() 方法，使道具 Button 消失时生成道具 Prefab，实现 Game 面板中道具 Button "进入" 背包的视觉效果。

◎ 脚本 6-14：

```
using UnityEngine;

public class toBag : MonoBehaviour
{
    public Items thisitem;
    public Bag bag;

    public void ItemToBag() {
      if (!bag.itemList.Contains(thisitem)) {
        bag.itemList.Add(thisitem);
            BagManage.CreaterGridItem(thisitem);// 增加的代码
      }
gameObject.SetActive(false);
    }
}
```

值得提醒的是，调试的时候得确保背包 ScriptableObject 的列表中道具数为 0，如图
6-33 所示，因为代码要求没有这个类型的道具才能在数组中添加成员。

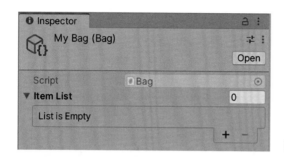

图 6-33 调试时需要确保的情况

在 Game 面板里，点击生成出来的道具 Prefab，需要显示道具 Prefab 的文字信
息，即道具 Prefab 需获取 necklace 的 ScriptableObject，所以在该 Prefab 的脚本
gridPrefabData（脚本 6-12）上增加 GetInformation() 方法，见脚本 6-15。

◎ 脚本 6-15：

```
public class gridPrefabData : MonoBehaviour
{
    public Items GridItem;
    public Image GridPic;
    public Text Iteminformation;

    public void GetInformation() {
      BagManage.Introduce(GridItem.propsInfo);
    }// 这里的 Introduce 方法在单例脚本 BagManage 里
}
```

这个 GetInformation () 方法，是点击道具 Prefab 后才出来的。这也是步骤六中要把
Prefab 做成 Button 的原因，因为需要通过点击 Button 来调用这个方法，如图 6-34 所示。

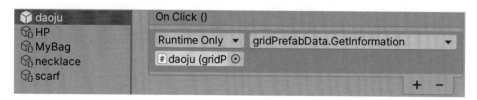

图 6-34 调用 GetInformation () 方法

最后来看一下效果，在点击道具 Prefab 后，文字信息显现。

图 6-35 点击道具 Prefab
后文字信息显现

步骤八：实现游戏再次打开时能够保留之前的操作

完成上述步骤后，可以在 Project 面板里的背包 ScriptableObject 中，看到数值
列表里到底存放了多少道具，但在 Game 面板中的背包里并没有保留之前的操作，即
收集了 2 种道具后关掉游戏再重新打开时，就会发现背包中仍旧什么都没有（虽然背包
ScriptableObject 的列表中是显示有 2 种道具的）。

究其原因，是因为此前步骤中还没有逐个罗列背包 ScriptableObject 中的 Item。

仅仅需要在 BagManage 脚本里再添加如下代码就可以实现了。这里运用了一个 for
循环把背包 ScriptableObject 里的 Item 逐一呈现。（脚本 6-16）

◎ 脚本 6-16：

```
using UnityEngine;
using UnityEngine.UI;

public class BagManage : MonoBehaviour
{
    static BagManage Instance;
    public gridPrefabData GridItemPrefab;
    public Bag mybag;
    public GameObject Grid;
    public Text Itemintroduce;

    private void Awake()
    {
        if (Instance != null) {
```

```
            Destroy(this);
        }
        Instance = this;
    for(int i = 0; i < Instance.mybag.itemList.Count; i++) {
            CreateGridItem(Instance.mybag.itemList[i]);
        }
    }
    public static void Introduce(string introduce) {
        Instance.Itemintroduce.text = introduce;
    }
    public static void CreateGridItem(Items item) {
        gridPrefabData newGridItem = Instantiate(Instance.
GridItemPrefab, Instance.Grid.transform.position, Quaternion.
identity);
        newGridItem.gameObject.transform.SetParent(Instance.Grid.
transform);
        newGridItem.GridItem = item;
        newGridItem.GridPic.sprite = item.propsPic;
    }
}
```

注 释:

① Audio Source: Unity 中播放音频的组件,主要用来播放游戏场景中的声音。
② API: 全称 Application Programming Interface,应用程序接口,是一些预先定义的接口(如函数、HTTP 接口),或软件系统不同组成部分衔接的约定。
③ 继承: C# 的知识点,固定术语,指面向对象编程的重要表现,继承就是以一个类为基础,其他类在此类的基础上进行开发,这个类称为基类,其他类称为派生类。
④ 为方便区分,在本章中,Game 面板里的物品称之为道具,道具在代码中被称为 Item。

附　录

安装—发布流程

★ 安装 Unity

（1）打开 Unity 官网（unity.cn），点击网页右上角"下载 Unity"按钮，链接到 Unity Hub 的下载页面上。

（2）下载 Unity Hub，它是一个启动台程序，可以管理所有版本的 Unity 并启动管理项目。

（3）按提示步骤安装 Unity Hub，完成后打开 Unity Hub。操作如图 1，首先点击页面右上角完成个人注册，然后点击"激活许可证"按钮，选择 Unity 的个人版本并激活。

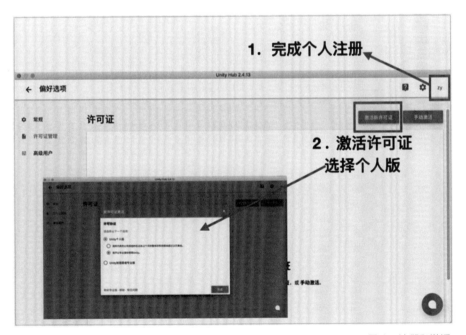

图 1 注册和激活

（4）在 Unity Hub 页面的左边栏中点击"安装"按钮，并选择一个版本，Unity 也会把稳定的最新版作为推荐版本。

（5）接下来待勾选的项目中，除非有 Visual Studio 的安装选项，否则暂时都不勾选。

这里语言选项不推荐勾选中文,因为在之后的学习进程中,会发现相关网络资料大多非中文。

（6）如果在步骤（5）中勾选了 Visual Studio，那么基本上现已完成 Unity 的安装；但是如果没有这个选项，打开 Windows 官网—开发人员—Microsoft Visual Studio 下载它。Visual Studio 是写代码的软件，在教程中会用到它。

★ 新建 Unity 项目及场景

打开 Unity Hub，新建一个项目或者打开项目列表里的已有项目，进入 Unity。

打开后默认页面是整个项目中的其中一个场景（Scene）。一个项目可以包含多个场景，如果想在这个项目里创建新的场景，就可以通过菜单栏 File—New Scene 创建。

★ 保存 Unity 场景

Unity 采用的并不是自动保存的机制，所以当完成场景的制作后，需点击 File—Save 或者键盘 Ctrl+S，保存至相关文件夹。一个场景为一个文件，文件图标是一个 Unity 的 Logo 样式，文件后缀是 .unity。

★发布 Unity 项目

（1）在 Unity 引擎界面，点击菜单栏—File—Build Settings。

（2）在 Build Settings 面板中，将需要发布的场景拖拽到 Scenes In Build 中；选择需要发布的平台，如 PC；在发布前可以通过 Player Settings 来调整发布的设置；点击 Build 生成可执行文件（图 2）。

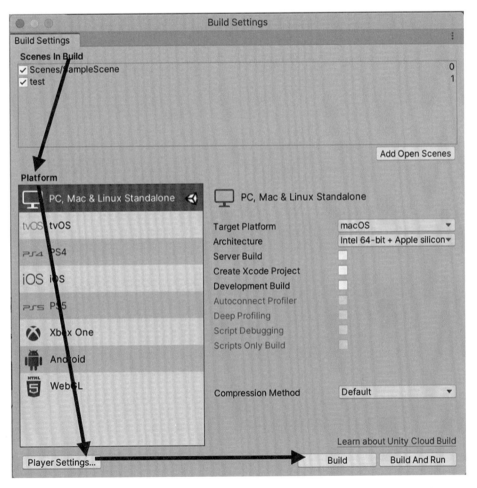

图 2　将场景发布至 PC

（3）需要注意的是，如果是多个场景，必须将所有场景都拖拽到 Scenes In Build 中，拖入后会发现场景从 0 开始被自动编号，这个数字将运用在场景转换代码中。

从一个场景切换到另一个场景，需要编写场景切换的代码，可以直接写跳转到的场景的名字，即关键词为 SceneManager.LoadScene(scenceName)，这里 sceneName 为 String 类型的变量；也可以写场景编号，即 SceneManager.LoadScene(Num)，这里 Num 为 int 类型的变量，这个变量就是被自动编号的数字，不同场景对应不同的数字。场景切换的具体案例可以参看 Unity 官方脚本帮助文件。

（4）Unity 项目发布后的格式会根据所选的平台的不同而不同，如果是 PC 端，Windows 系统发布的是 .exe 文件，Mac 系统发布的是 .app 文件，可直接点击发布的文件进入游戏或应用程序。如果是移动端，选择安卓系统会发布成 .apk 文件，Mac 系统为 .app 文件，和手机的任何应用一样，需要安装后才能打开。

课堂练习答案

★课堂练习 1 答案

如图 1，勾选 Image 组件中的 Preserve Aspect，同时确保锚点与 4 个控制柄一一重合。

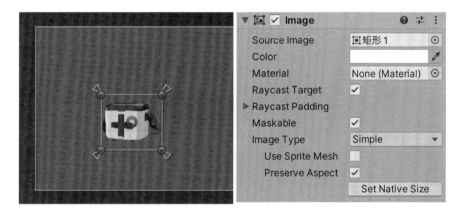

图 1 Image 组件中的设置

★课堂练习 2 答案

编写脚本 1，将该脚本绑定在 Button 上，并在监听区调用 MyClick() 方法。

◎ 脚本 1：

```
using UnityEngine;
using System.Collections;
using UnityEngine.UI;
public class buttonint : MonoBehaviour {
    int myA;
    public Text myText;
    void Start () {
        }
    void Update () {
```

```
        }
    public void MyClick(){
        myA ++;
        myText.text = "" + myA;
    }
}
```

★ 课堂练习 3 答案

（1）简易版本。无须脚本，只需要在 Button 监听区拖入 Scroll Vrew 滚动条 Horizontal Scrollbar，输入各自的 Value 值——这里分别填写 0、0.25、0.5、0.75、1 这 5 个值来切换 5 张不同的图像（图 2）。

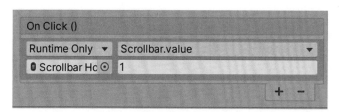

图 2 Button 视窗监听区的设置

（2）动画效果版本。简易版的效果是直接跳到某个图像的位置，而没有动画滑动的效果，如果想要有动画效果，使用脚本 2，脚本绑定在 Horizontal Scrollbar 上。

◎ 脚本 2：

```
using UnityEngine;
using UnityEngine.UI;

public class UIClick : MonoBehaviour
{
  private Scrollbar scrollbar;
    float diffPoint;

    void Start()
    {
        scrollbar = GetComponent<Scrollbar>();
    }
```

```
    void Update()
    {
      scrollbar.value = Mathf.MoveTowards(scrollbar.value,
    diffPoint, 0.05f); // 这里请连成一行
    }

    public void ChangePic(float point) {
        diffPoint = point;
    }
  }
```

用其他 GameObject 调用这个 ChangePic () 方法，因此这里用 5 个 Button 分别调用 5 个不同的值，这样得到的将是滑动的动态效果，如图 3 Button 的监听区所示，5 个 Button 输入的值分别是 0、0.25、0.5、0.75 和 1。

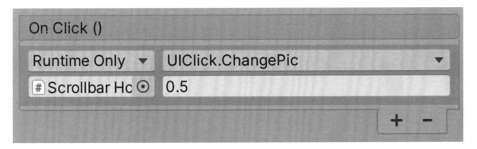

图 3 监听区的设置

★ 课堂练习 4 答案

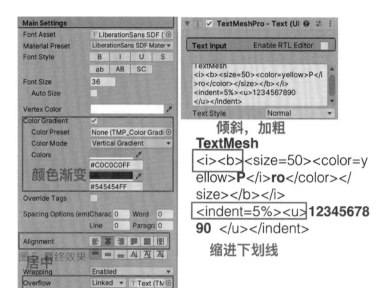

图 4 TextMeshPro
的变量设置

最终的效果如图 5 所示。

主要词汇翻译

A

Audio：声音
Anchors：锚点

B

Button：按钮
Box Collider：方形碰撞器

C

Canvas：画布
Canvas Scaler：画布定标器
Camera：摄像机
Center：中心
Component：组件
Cube：立方盒

D

Dropdown：下拉菜单

E

Effects：特效
Empty：空物体
EventSystem：事件系统
Event Trigger：事件触发器

F

Filled：填充

G

Game：游戏面板
GameObject：游戏物体
Graphic Raycaster：图形投射
Grid：网格
Grid Layout Group：网格布局组

H

Hierarchy：层次面板

I

Inspector：属性面板
Interactable：开关区
InputField：输入框
inches：英寸
Image：图像

L

Layers：层级
Layout Group：布局组
Layout Element：布局元素
Light：灯光

M

Mask：遮罩
Material：材质球
Material Preset：材质预设

Map：贴图 / 映射

Mesh Filter：网格过滤器

Mesh Renderer：网格渲染器

N

Navigation：导航区

O

Order in Layer：同层级中的顺序

P

Panel：面板

Perspective：透视

picas：皮卡

Pivot：枢轴

Position：位移

Project：项目面板

Pointer：鼠标指针

R

Rect：矩形

Rect Transform：矩形变换

Receive Shadows：接受阴影

Rotation：旋转

Render Mode：渲染模式

Raw Image：原始图像

Rich Text：富文本

S

Scale：缩放

Scene：场景面板

ScriptableObject：可编码物体

Scrollbar：滚动条

ScrollView：视窗

Shader：着色器

Size：大小

Sliced：切割

Slider：滑动条

Sorting Layer：渲染层级

Sprite：精灵

Sprite Editor：精灵编辑器

Sprite Asset：图集

T

Text：文本

Texture：纹理

Tiled：平铺

Toggle：开关

Toggle Group：开关组

Transform：变换

Transition：过渡区

U

UGUI：Unity 图形用户交互系统

UI：用户交互界面

UI 元素：交互界面元素

V

Video：视频